Harshad Lakum
Dhruvin Shah
Kishor Chikhalia

Novas s-triazinil tioureias através de reacções de acoplamento catalisadas por Cu

Harshad Lakum
Dhruvin Shah
Kishor Chikhalia

Novas s-triazinil tioureias através de reacções de acoplamento catalisadas por Cu

ScienciaScripts

Cover image: www.ingimage.com

This book is a translation from the original published under ISBN 978-3-659-87127-6.

Publisher:
Sciencia Scripts
is a trademark of
Dodo Books Indian Ocean Ltd. and OmniScriptum S.R.L publishing group

120 High Road, East Finchley, London, N2 9ED, United Kingdom
Str. Armeneasca 28/1, office 1, Chisinau MD-2012, Republic of Moldova, Europe
Managing Directors: Ieva Konstantinova, Victoria Ursu
info@omniscriptum.com

Printed at: see last page
ISBN: 978-620-8-56788-0

Agradecimentos

Durante a redação deste livro, fui acompanhada e apoiada por muitas pessoas. Acima de tudo, o meu livro está em dívida para com aqueles que contribuíram de muitas formas para o sucesso deste estudo e fizeram dele uma experiência inesquecível para mim. É um aspeto agradável o facto de ter agora a oportunidade de expressar a minha gratidão a todos eles.

Estarei sempre grato ao meu professor orientador e conselheiro de investigação, Prof. (Dr.) Kishor H. Chikhalia, Departamento de Química, Faculdade de Ciências, Universidade de Gujarat, Ahmedabad, Índia. As suas críticas construtivas, o seu apoio contínuo e a sua muito necessária motivação e inspiração ajudaram-me a melhorar o meu trabalho durante todo o período do meu presente estudo. Os seus conhecimentos no domínio científico ensinaram-me muito.

Estou grato aos meus muitos colegas de investigação por me terem proporcionado um ambiente estimulante e divertido. Os meus agradecimentos vão, em particular, para o Dr. Rahul Modh, com quem muitas rondas de discussão sobre o meu livro me ajudaram muito.

Além disso, várias pessoas ajudaram-me, consciente e inconscientemente, a concluir com êxito este projeto. Duvido que alguma vez consiga transmitir plenamente o meu apreço, mas devo a essas pessoas a minha eterna gratidão.

Agradecemos também à editora LAP LAMBERT por ter colocado este trabalho de investigação na rede científica alargada.

Dr. Harshad P. Lakum

OBSERVAÇÕES GERAIS

1. Todas as temperaturas são expressas em graus centígrados (°C).
2. Todos os pontos de fusão não estão corrigidos e foram registados pelo método capilar.
3. A temperatura ambiente, quando mencionada, corresponde normalmente a 30 °C-35 °C.
4. ^{1}Os espectros de RMN de H foram registados num aparelho Bruker WM 400 FT MHz NMR utilizando DMSO como solvente e tetrametilsilano como padrão interno (desvio químico em 6 ppm).
5. Os espectros de RMN $^{de\ (13)}$C foram registados num RMN Bruker WM 100 FT MHz utilizando DMSO como solvente.
6. Os espectros de IV foram registados no espetrofotómetro FTIR da Shimadzu.
7. As análises elementares foram efectuadas num analisador elementar Carlo Erba - 1108.
8. As análises de massa foram registadas no modelo JOEL SX-102 (EI).
9. A pureza de todos os compostos sintetizados foi verificada utilizando a técnica de cromagrafia em camada fina em folhas revestidas de gel de sílica (Merck Kiesel 60 GF-254, 0,2 mm de espessura).
10. Todos os produtos químicos e solventes utilizados para efeitos de síntese eram de grau AR. (Pureza: superior a 99 %)

Lista de abreviaturas

°C	Degree centigrade
A. clavatus	*Aspergillus clavatus*
A. niger	*Aspergillus niger*
B. cereus	*Staphylococcus aureus*
B. subtilis	*Bacillus subtilis*
MGIT	Mycobacteria Growth Indicator Tube
C. albicans	*Candida albicans*
DMF	*N,N*-Dimethyl formamide
DMSO	Dimethyl sulfoxide
d	Doublet
dd	Doublet of a doublet
EtOH	Ethanol
E. coli	*Escherichia coli*
g	Gram
Hrs	Hours
IPA	Isopropyl alcohol
IR	Infra Red
K. pneumoniae	*Klebsiella pneumoniae*
K_2CO_3	Potassium carbonate
MIC	Minimum Inhibitory Concentration
m	Multiplet
MeOH	Methanol
mp	Melting point
mg	Milligrams
mL	Milliliter
MHz	Mega hertz
Min	Minutes
M. tuberculosis	*Mycobacterium tuberculosis* $H_{37}Rv$
MTCC	The microbial type culture collection
NMR	Nuclear Magnetic Resonance
$POCl_3$	Phosphorus oxychloride
P. aeruginosa	*Pseudomonas aeruginosa*
Ph	Phenyl

ppm	Parts per million
S. aureus	*Staphylococcus aureus*
TEA	Triethyl amine
TLC	Thin Layer Chromatography
t	Triplet

Dedicação

Este livro é dedicado à minha amada

Padre Sr. Punjabhai Lakum,

Mãe Sra. Shantaben Lakum,

A esposa Anita Lakum e

Filho Jaithra Lakum

ÍNDICE DE CONTEÚDOS:

CAPÍTULO 1

Introdução

Introdução

A química medicinal sintética é uma ciência especializada que evoluiu para abranger uma vasta gama de disciplinas relacionadas com a identificação, síntese e desenvolvimento de compostos semelhantes a fármacos para utilização terapêutica. Nos primórdios da descoberta de fármacos, os químicos medicinais optimizavam e desenvolviam frequentemente compostos sem grande conhecimento do alvo ou da via do fármaco em mente. Tratava-se de um processo em grande parte subjetivo, em que se procedia à elaboração de estruturas químicas orientadas para a química e em que estes compostos eram frequentemente testados diretamente in vivo e in vitro.

O esqueleto heterocíclico contendo átomos de azoto e enxofre é a base de muitos fármacos essenciais e de muitos produtos naturais fisiologicamente activos [1, 2]. As moléculas que contêm subestruturas heterocíclicas continuam a ser alvos atractivos para a síntese, uma vez que apresentam frequentemente propriedades biológicas diversas e importantes. Embora existam muitos antibióticos e quimioterápicos disponíveis desde as duas últimas décadas, o tratamento de doenças infecciosas continua a ser um problema terapêutico difícil devido ao aumento inexorável e à disseminação de multirresistentes [3-5]. Ao longo da história, tem havido uma batalha contínua entre os seres humanos e a multiplicidade de doenças que ameaçam a vida, como a pneumonia, a febre tifoide, a diarreia, a infeção cutânea, a infeção nosocomial, a intoxicação alimentar, a infeção do trato urinário, a infeção do ouvido, a doença pulmonar, a tuberculose, o cancro e a SIDA [6].

Assim, os estudos para a identificação de novos alvos e medicamentos para o tratamento de doenças infecciosas estão na vanguarda. Um dos principais desafios da moderna descoberta de fármacos é a conceção de sequências de reacções químicas altamente eficientes que proporcionem um máximo de complexidade estrutural e diversidade biológica com um número mínimo de etapas sintéticas para reunir compostos com propriedades interessantes. Entre as formas atractivas de resolver a multirresistência está a síntese de novas moléculas que devem, de preferência, ter caraterísticas químicas claramente diferentes das dos agentes existentes e ser biologicamente activas em virtude da presença de caraterísticas estruturais críticas. O desenvolvimento de novos métodos sintéticos que conduzem a estruturas que incorporam várias moléculas biologicamente activas numa única molécula tem atraído muita atenção na química orgânica. Esta abordagem para fundir tais farmacóforos pode oferecer importantes realizações médicas para minimizar a probabilidade de formação de resistência [7].

Atualmente, o alívio de um grande número de doenças é feito através da terapia medicamentosa. A luta contra as infecções bacterianas e fúngicas foi largamente bem sucedida, tendo-se registado um desenvolvimento significativo no tratamento do dilema da resistência aos medicamentos. Para nos vangloriarmos, podemos afirmar que certas formas de cancro podem ser curadas por quimioterapia.

Química Medicinal

O principal objetivo da química medicinal é a conceção e a descoberta de novos compostos que sejam adequados para utilização como medicamentos. A descoberta ou conceção de um novo fármaco requer não só um processo de descoberta ou conceção, mas também a síntese do fármaco, um método de administração, o desenvolvimento de testes e procedimentos para determinar o modo como actua no organismo e uma avaliação da segurança. A descoberta de medicamentos pode também exigir investigação fundamental sobre a natureza biológica e química do estado de doença [8-10]. Estes e outros aspectos da conceção e descoberta de medicamentos requerem a contribuição de especialistas em muitos outros domínios, pelo que os químicos medicinais devem ter um conhecimento geral dos aspectos relevantes destes domínios. A química medicinal dedica-se à descoberta e ao desenvolvimento de novos agentes para o tratamento de doenças. A maior parte desta atividade é dirigida a novos compostos orgânicos naturais ou sintéticos. Paralelamente ao desenvolvimento de agentes medicinais, surgiu uma melhor compreensão da química do recetor. Esta última foi grandemente facilitada por computadores de baixo custo com software que calcula as propriedades moleculares, a estrutura e as imagens através de gráficos de alta resolução. O desenvolvimento de compostos orgânicos ultrapassou os métodos sintéticos tradicionais.

A tendência atual na conceção de fármacos para o desenvolvimento de novos agentes clinicamente eficazes através da modificação estrutural do núcleo do fármaco principal assume uma importância imensa no mundo da medicina [11]. Os exemplos de descoberta de fármacos sem um núcleo principal são bastante escassos. O núcleo principal é um composto protótipo com a atividade biológica desejada, mas que pode ter muitas caraterísticas indesejáveis, como elevada toxicidade, insolubilidade ou problemas de metabolismo. Apesar do grande sucesso dos métodos clássicos de conceção de fármacos, a sua imprevisibilidade e a enorme quantidade de esforço desperdiçado tornaram necessário o desenvolvimento de métodos mais racionais com uma capacidade de previsão muito maior. São constantemente necessários novos medicamentos para combater a resistência aos medicamentos, embora esta possa ser minimizada pela utilização correta dos medicamentos pelos doentes. São também necessários para melhorar o tratamento de doenças existentes, o tratamento de doenças recentemente identificadas e a produção de medicamentos mais seguros através da redução ou eliminação de efeitos secundários adversos.

A química medicinal abrange as seguintes etapas:

1. Na primeira fase, são identificadas e preparadas novas substâncias activas ou medicamentos a partir de fontes naturais, de reacções químicas orgânicas ou de processos biotecnológicos. São as chamadas moléculas precursoras.
2. A segunda fase é a otimização da estrutura do chumbo para melhorar a potência, a seletividade e reduzir a toxicidade.
3. A terceira fase é a fase de desenvolvimento que envolve a otimização da via sintética para a produção a granel e a modificação das propriedades farmacocinéticas e farmacêuticas da substância ativa para tornar a sua aplicabilidade química.

Drogas

Os medicamentos são estritamente definidos como substâncias químicas utilizadas para prevenir ou curar doenças nos seres humanos, nos animais e nas plantas. A atividade de um fármaco é o seu efeito farmacológico sobre o sujeito, por exemplo, analgésico ou b-bloqueador, enquanto a sua potência é a natureza quantitativa desse efeito. Os medicamentos podem ser meras substâncias químicas, mas entram num mundo de reacções químicas com as quais podem interagir. Para inventar ou preparar um fármaco biologicamente ativo, este não deve apresentar toxicidade, deve apresentar boas propriedades farmacocinéticas, não deve ser rapidamente metabolizado e, o que é mais importante, deve ser absorvido após administração oral [12]. Por conseguinte, as propriedades ADMET (Absorção, Distribuição, Metabolismo, Excreção e Toxicidade), ou seja, as propriedades dos compostos, devem ser investigadas no início do processo de descoberta de medicamentos para clarificar a utilidade clínica dos novos genes como alvos. Muito poucos medicamentos satisfazem todas as condições acima referidas. No entanto, a procura de novas moléculas com base numa aplicação terapêutica potente continua a ser uma área de investigação interessante.

Classificação dos medicamentos

Os fármacos são classificados de diferentes formas, dependendo de onde e como estão a ser utilizados. Os métodos de interesse para os químicos medicinais são a estrutura química e a ação farmacológica, que inclui o local de ação e o sistema alvo [13]. No entanto, é de salientar que outras classificações, como a natureza da doença, são utilizadas tanto na química medicinal como noutros domínios, dependendo da utilização que se pretende dar à informação. Em todos os casos, é importante ter em conta que a maioria dos fármacos tem mais do que um efeito no organismo, pelo que um fármaco pode ser listado em várias categorias diferentes dentro de um esquema de classificação:

➢ Estrutura química

Os fármacos são agrupados de acordo com a estrutura dos seus esqueletos de carbono ou classificações químicas, por exemplo, esteróides, penicilina e péptidos. Infelizmente, em química medicinal, esta classificação tem a desvantagem de os membros de um mesmo grupo apresentarem frequentemente diferentes tipos de atividade farmacêutica. Os esteróides, por exemplo, têm actividades muito diferentes: a testosterona é uma hormona sexual, a espironolactona é um diurético e o ácido fusídico é um agente antibacteriano. A classificação por meio da estrutura química é útil para os químicos medicinais que se preocupam com a síntese e as relações estrutura^M atividade.

➢ Ação farmacológica

Esta classificação enumera os medicamentos de acordo com a natureza do seu comportamento farmacodinâmico, por exemplo, diuréticos, hipnóticos, estimulantes respiratórios e vasodilatadores. Esta classificação é particularmente útil para os médicos que procuram um tratamento medicamentoso alternativo para um doente.

➢ Classificação fisiológica

A Organização Mundial de Saúde (OMS) desenvolveu uma classificação baseada no sistema corporal em que o medicamento actua. Esta classificação especifica dezassete locais de ação dos medicamentos. No entanto, um método mais prático mas menos pormenorizado, frequentemente utilizado pelos químicos medicinais, baseia-se em quatro classificações, nomeadamente

1. Agentes que actuam no sistema nervoso central (SNC)

O sistema nervoso central é constituído pelo cérebro e pela espinal medula. Os fármacos que actuam no SNC são os psicotrópicos que afectam o humor e os fármacos neurológicos necessários para as perturbações fisiológicas do sistema nervoso, como a epilepsia e a dor.

2. Agentes farmacodinâmicos

São medicamentos que actuam no organismo, interferindo com as funções corporais normais. Incluem medicamentos como vasodilatadores, estimulantes respiratórios e anti-alérgicos.

3. Agentes quimioterapêuticos

Inicialmente, tratava-se de medicamentos como os antibióticos e os fungicidas que destruíam os microrganismos causadores de uma doença num hospedeiro involuntário. No entanto, esta classificação tornou-se também sinónimo de medicamentos utilizados para combater o cancro.

4. Agentes diversos

Esta classe contém medicamentos que não se enquadram nas outras três categorias, por exemplo, hormonas e medicamentos que actuam nas funções endócrinas.

➢ Prodrugs

Os pró-fármacos são compostos farmacologicamente inertes, mas que são convertidos por ação enzimática ou química na forma ativa do fármaco no local-alvo ou próximo deste. Por exemplo, a levodopa, utilizada no tratamento da síndrome de Parkinson, é o pró-fármaco do neurotransmissor dopamina. A dopamina é demasiado polar para atravessar a barreira hemato-encefálica, mas existe um sistema de transporte para os aminoácidos como a levodopa.

Compostos heterocíclicos na conceção e descoberta de medicamentos

A química heterocíclica ocupa-se exclusivamente da síntese, propriedades e aplicações da conceção e descoberta de fármacos activos desde há muitos anos [14-18]. A química dos compostos heterocíclicos continua a ser um domínio ativo da química medicinal [19-21]. A procura de tratamento para várias doenças tem vindo a ser desenvolvida desde há várias décadas e faz parte integrante da humanidade. Os procedimentos comuns para a preparação de novas classes de agentes terapêuticos envolvem a exploração de compostos líderes reconhecidos. Os heterociclos são fragmentos comuns da grande maioria dos medicamentos comercializados. Isto é um reflexo do papel central que os heterociclos desempenham na conceção moderna de medicamentos [22-25]. Podem servir como ferramentas úteis para manipular a lipofilicidade, a polaridade e a capacidade de ligação de hidrogénio das moléculas, o que pode levar a melhorar as propriedades farmacológicas, farmacocinéticas, toxicológicas e físico-químicas dos candidatos a fármacos e, em última análise, dos fármacos. Os heterociclos são habitualmente utilizados como bioisósteros para uma variedade de grupos funcionais em candidatos a medicamentos. A química medicinal é a ciência que se ocupa da descoberta e conceção de novos produtos químicos terapêuticos e do seu desenvolvimento em medicamentos úteis. Os compostos heterocíclicos que contêm átomos de azoto e enxofre são de grande importância no domínio da química farmacêutica devido à sua variedade de actividades biológicas e à considerável diversidade do sistema de anéis.

Os heterociclos desempenham um papel central na conceção de moléculas terapêuticas. São utilizados para otimizar a potência e a seletividade através do bioisosterismo, das propriedades farmacocinéticas e toxicológicas, oferecendo amplas oportunidades para ajustar a lipofilicidade, a polaridade e a solubilidade das moléculas-alvo. Deve também notar-se que, por vezes, o resultado desejável da incorporação do heterociclo na molécula é obtido à custa de alterações negativas de outros parâmetros do fármaco. O reconhecimento das propriedades mais importantes para o alvo específico e a sua manipulação cuidadosa para obter compromissos óptimos entre potência, seletividade, propriedades farmacocinéticas e toxicidade é a parte mais difícil do trabalho dos químicos medicinais [21, 23, 26, 27].

Os compostos heterocíclicos têm sido sintetizados até agora principalmente devido à sua vasta gama de actividades biológicas [28-30]. Por isso, nos últimos anos, tem sido dada muita atenção à síntese de compostos heterocíclicos com sistemas de anéis contendo azoto e enxofre [31].

O trabalho apresentado neste projeto foi um esforço humilde no domínio da química medicinal, embora muito diminuto para ser considerado como um pequeno passo na oferta de uma solução prática para os inúmeros problemas, no entanto, um esforço dedicado para contribuir sinceramente para uma vida humana mais saudável e feliz. A obra trata de algumas das doenças mais comuns, como as infecções bacterianas e fúngicas. Ainda hoje estas irritam os médicos, por vezes, quando associadas a outras doenças crónicas e também devido à resistência oferecida pelos organismos infectantes a várias formas de terapia [32]. O trabalho descrito neste projeto é ainda uma tentativa modesta de sintetizar vários heterociclos via s-triazina com o objetivo de obter uma molécula bioactiva, a sua caraterização e avaliação do seu potencial biológico.

CAPÍTULO 2

Importância biológica de alguns heterociclos

Importância biológica dos derivados de s-triazina

As 1,3,5-triazinas trissubstituídas ou s-triazinas e os seus derivados são uma das classes mais importantes e mais antigas de compostos heterocíclicos que são utilizados nas indústrias farmacêutica, do plástico, da borracha e têxtil [33-38]. Os derivados de s-triazinilo são também utilizados como herbicidas, pesticidas, branqueadores ópticos, explosivos, etc. Devido à vasta gama de aplicações biológicas, o núcleo da s-triazina tem recebido imensa atenção por parte dos químicos, devido à sua fonte fértil de actividades farmacológicas para combater os problemas de resistência aos medicamentos e aliviar as infecções microbianas oportunistas [39-43]. Alguns fármacos à base de triazinas, como a altretamina, a trietilenemelamina e a atrazina, também têm sido utilizados para fins terapêuticos na clínica.

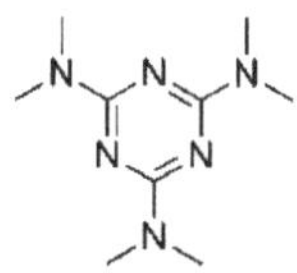

Altretamine
(Antineoplastic agent)

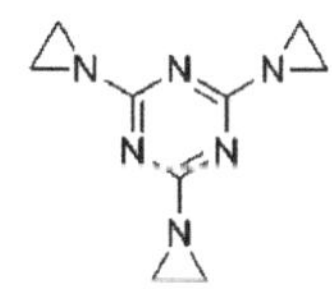

Triethylenemelamine
(Chemotherapeutic agent)

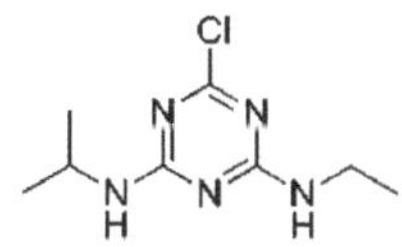

Atrazine
(Herbicide)

Agentes farmacêuticos à base de s-triazina

Gavade e colaboradores [44] sintetizaram muitos derivados de s-triazinil trissubstituídos (**I**) e avaliaram a sua atividade antimicrobiana. Entre eles, alguns derivados foram considerados activos contra uma estirpe microbiana específica com uma gama de CIM de 12,5-

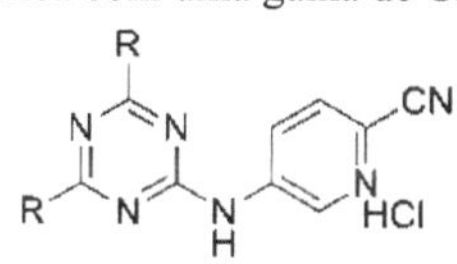

(I) Em que R=Aminas substituídas

A síntese de novos derivados 3-(5-sulfanil-1,3,4-oxadiazol-2-il)-2H-cromen-2-um (**II**) e a sua avaliação da eficácia antimicrobiana foi efectuada por Patel et al [45]. Dos compostos sintetizados, alguns derivados mostraram potencial contra várias estirpes bacterianas com a gama MIC 10012,5 pg/mL.

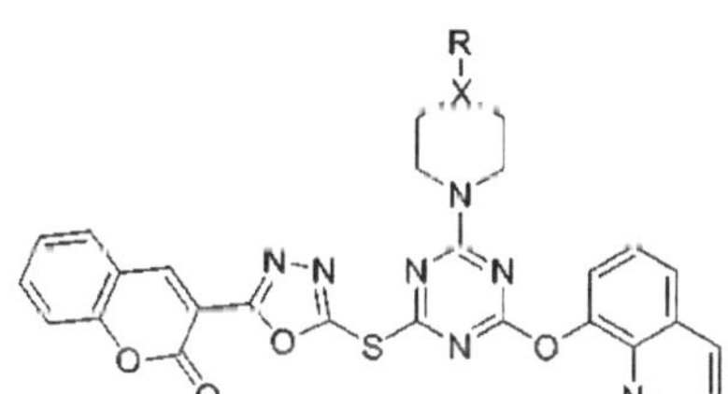

(II) Em que, X= N, CH2
R= grupos alifáticos/aromáticos ou heterocíclicos

Os híbridos recentemente sintetizados de quinazolina-triazina (**III**) foram estudados quanto à sua atividade anti-HIV e antimicrobiana por Modh e colaboradores [46]. Neste estudo, avaliaram a atividade anti-HIV dos derivados sintetizados contra as estirpes virais HIV-1 (IIIB) e HIV-2 (ROD), bem como a atividade antimicrobiana contra estirpes microbianas selecionadas, incluindo bactérias e fungos.

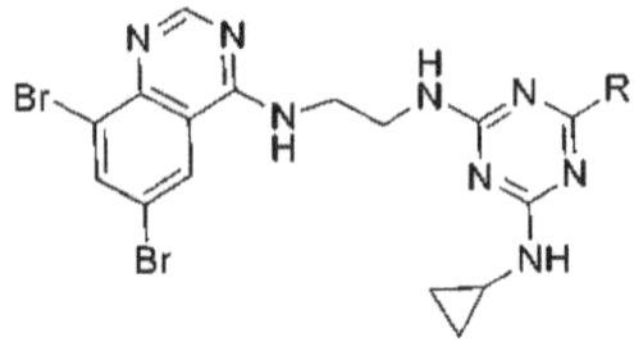

(III) Em que R= piperazina substituída

Para além deste estudo, Modh et al. [47] também sintetizaram alguns novos híbridos 3-cumarinil-triazina (**IV**) ligados ao oxadiazol e avaliados como potentes agentes antimicrobianos.

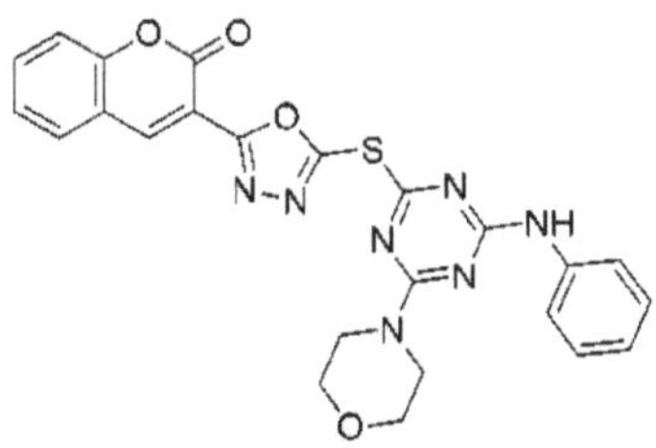

(IV) Em que, R= H, Cl, Me, NO_2, etc.

Kumar et al. [48] sintetizaram algumas novas moléculas de fulereno (**V**) contendo motivos de s-triazina a partir de C60 e azometina, que mostraram uma maior potência contra várias estirpes microbianas.

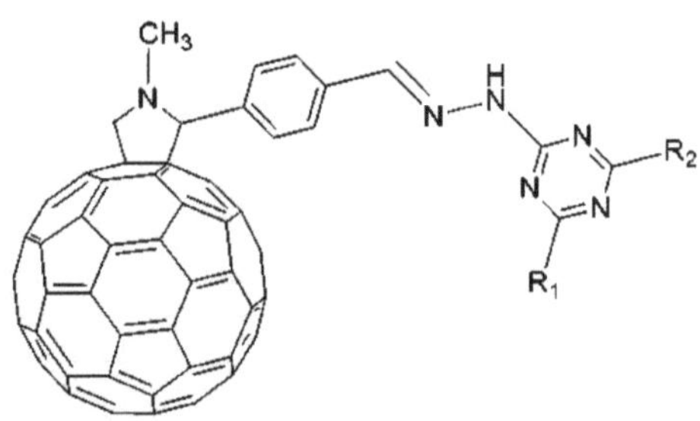

(V) Em que Ri, R2 = Várias aminas alifáticas

Os novos híbridos de motivos s-triazina e quinolina (**VI**) foram estudados por Bhat et al. [49] e avaliados quanto à sua atividade antimicrobiana in vitro.

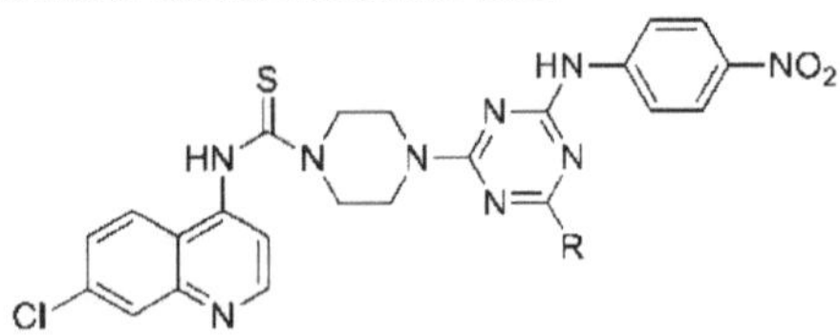

(VI) Em que R= aminas ou morfolinas substituídas

Importância biológica dos derivados da tioureia

Abbas et al. [50] prepararam alguns novos derivados de tioureia (**VII**) e avaliaram a sua atividade antimicrobiana in vitro. A maioria dos compostos sintetizados foi considerada ativa contra várias estirpes microbianas.

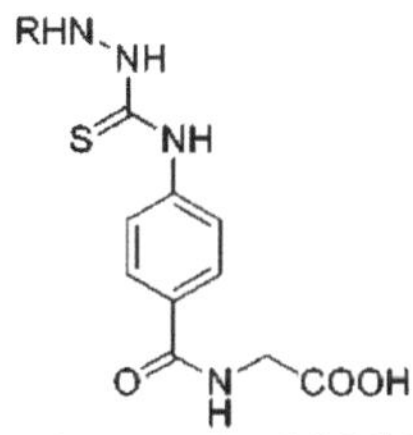

(VII) Em que: R= C6H5, COC6H5, isonicotinonilo, SO2C6H5

Koka e outros [51] sintetizaram derivados de pirazol com resíduos de tioureia (**VIII**) e avaliaram a sua atividade anticancerígena. Alguns compostos mostraram potência contra células cancerígenas.

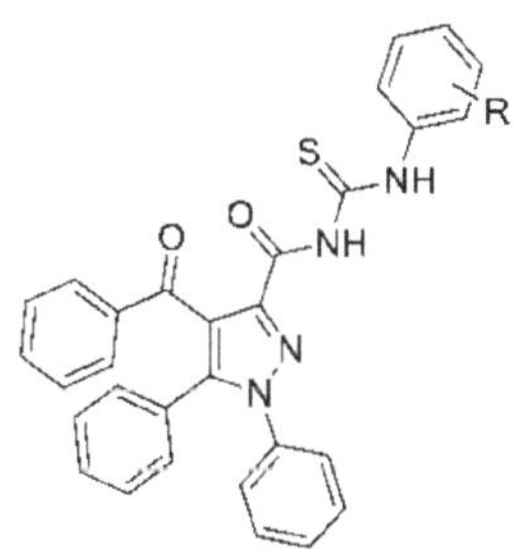

(VIII) Em que, R= H, Cl, Me, NO2, etc.

Os novos derivados de quinazolina dotados de motivo tioureia (**IX**) foram sintetizados e examinados quanto à atividade antimicrobiana e antituberculose por Shah et al. [52].

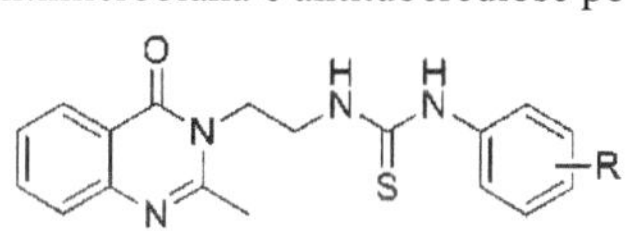

(IX) Em que R= H, 2-Cl, 3-Cl, 4-Cl, 2-F, 3-F, 4-F, 2-CH3, 3-CH3, 4-CH3

Os híbridos piridazina-tiazol que contêm resíduos de tioureia (**X**) foram descritos [53] e avaliados quanto à atividade antimicrobiana in vitro.

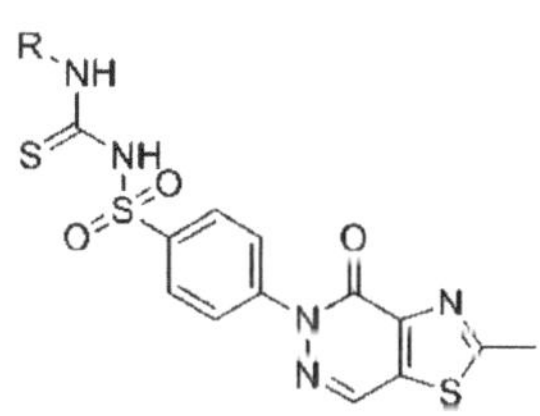

(X) em que, R= CH3, C6H5, 4-ClC6H4

A estrutura da combinação triazol-tioureia (**XI**) foi preparada e analisada quanto à sua atividade antibacteriana e larvicida [54]. De todos os derivados sintetizados, alguns deles mostraram uma atividade muito boa contra a estirpe microbiana específica

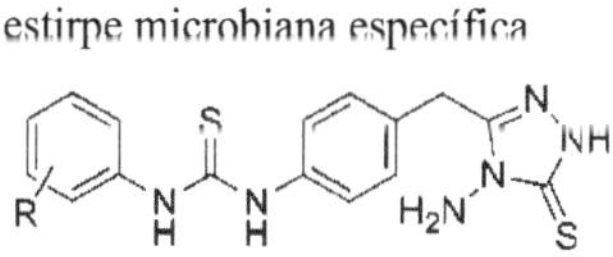

(XI) Em que: R= 4-NO2, 4-CF3, 2,6-di- Cl, 2,4,6-tri-Cl

Importância biológica dos derivados de piperazina

Verificou-se que as porções heterocíclicas dotadas de resíduos de piperazina possuem um elevado potencial contra vários micróbios [55-57].

Os novos derivados de metronidazol com motivo piperazina (**XII**) foram sintetizados por Wang et [58] e avaliados quanto à atividade antibacteriana.

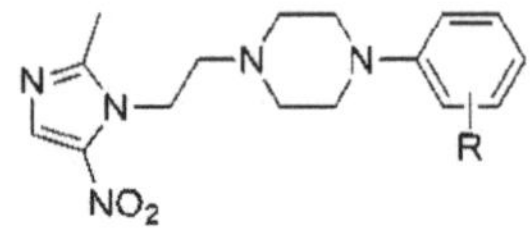

(XII) Em que, R= H, 4-F, 2,3-Cl, 2-Cl, 2-F, 3-OCH3, 3-Cl, 2-OCH3, benzidrilo substituído

Nagendra et al. [59] sintetizaram 6-(4-substituídopiperazin-1- yl)fenantridina scaffolds (**XIII**) e examinaram a sua atividade antituberculose. Alguns dos compostos sintetizados mostraram uma maior inibição no intervalo MIC de 6,25 a 1,56 pg/ml.

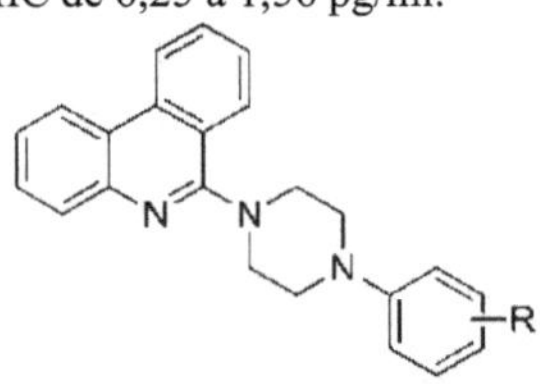

(XIII) em que: R= 3-CH3, 4-Cl, 3-Cl, 2-CN, 4 NO2, 3-OCH3

As novas estruturas de N-[4-(piperazin-1-il)fenil]cinamamida (**XIV**) foram sintetizadas e avaliadas quanto à atividade antituberculose por Patel et al. [60]. Alguns compostos mostraram uma excelente inibição da estirpe tuberculosa.

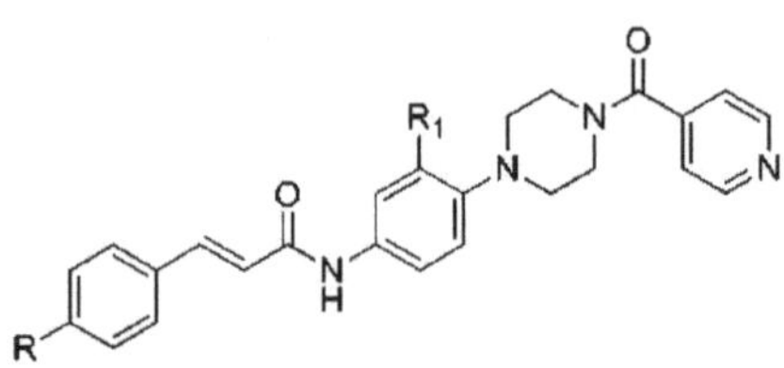

(XIV) em que: R= H, NO2; Ri= H, F

A síntese de uma série de novas piperazinas 1,4-dissubstituídas (**XV**) foi realizada por Abou et al. [61] e os derivados sintetizados eram bloqueadores dos receptores adrenérgicos.

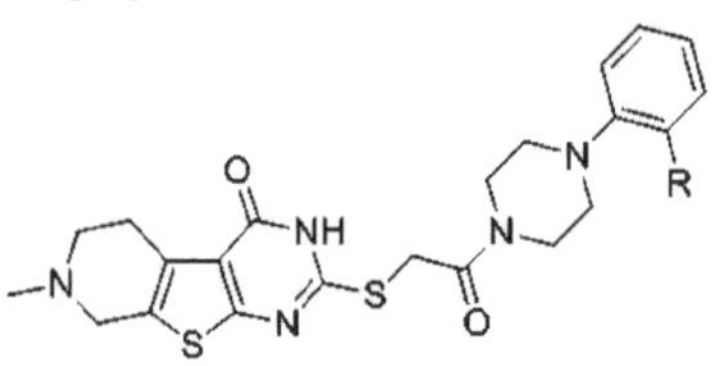

(XV) Em que, R= H, F, OCH3

Arnatt et al. [62] sintetizaram uma série de compostos com motivo piperazina (**XVI**) e analisaram a sua atividade anticancerígena com menos efeitos secundários.

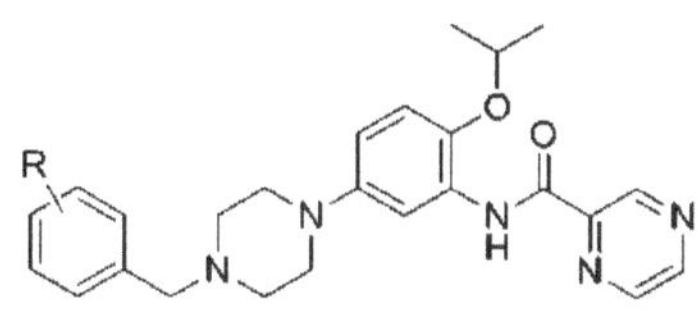

(XVI) em que: R= H, 4-Cl, 4-Br, 4- NO2, 2-NO2, 4-COOH, 4-CH3, 4-NH2

Os novos derivados de piperazina dotados de resíduos de bifenilo [**XVII**] foram concebidos e sintetizados por Bhosale et al. [63] e os derivados sintetizados foram avaliados quanto à sua atividade antipsicótica.

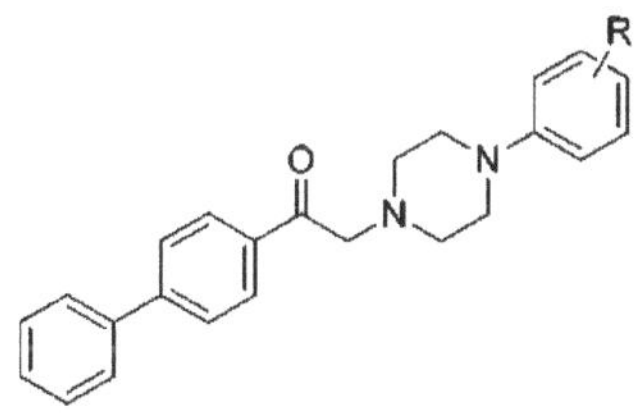

(XVII) em que R= 2-Cl, 3-Cl, 4-Cl, 4-F, 2-OCH3, H, 4-CH3

Weber et al. [64] relataram uma nova série de hidroxietil piperazinas substituídas (**XVIII**) e examinaram a sua atividade antitumoral, entre as quais muitas mostraram uma melhor potência contra as células tumorais.

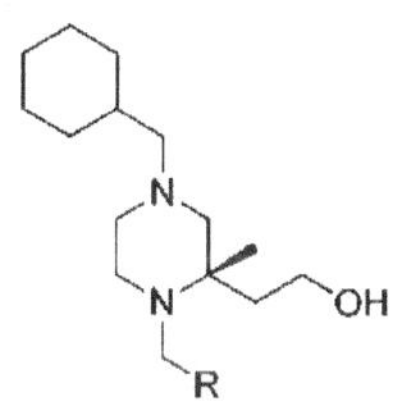

(XVIII) Em que: R= 1-Naftaleno, 2-Naftaleno, 6-OCH3-2-Naftaleno

A pesquisa bibliográfica acima referida revela o potencial biológico da s-triazina, piperazina e tioureia. Tendo em conta o perfil de atividade acima descrito, sentimo-nos tentados a associar estas moléculas e a estudar o seu potencial biológico, juntamente com o motivo individual, ao farmacóforo básico e a estudar o efeito eletrónico no seu perfil biológico.

CAPÍTULO 3

Química

Química da s-Triazina

As triazinas são compostos heterocíclicos aromáticos com seis membros, constituídos por três átomos de carbono e três átomos de azoto. Existem três isómeros de triazina, como se mostra na figura: 1,2,3-triazina (triazina vicinal) (**XIX**), 1,2,4- triazina (triazina assimétrica ou "isotriazina") (XX) e 1,3,5-triazina (simétrica ou s-triazina ou [1] "cianidina") (**XXI**). As 1,3,5-triazinas são as formas isoméricas de triazinas mais amplamente estudadas [65, 66]. A 1,3,5-triazina é uma molécula simétrica, pelo que este tipo de derivados é frequentemente designado por s-triazina.

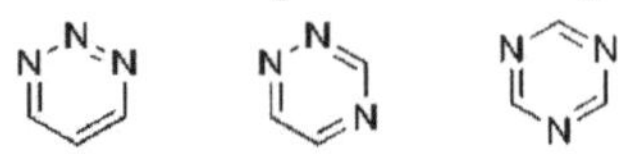

(XIX) (XX) (XXI)

Triazine isomers

Em 1895, Nef sintetizou acidentalmente pela primeira vez a s-triazina através da reação de cianeto de hidrogénio com etanol numa solução de éter saturada com cloreto de hidrogénio. A massa reacional foi então tratada com base e destilada, obtendo-se a s-triazina com um rendimento muito baixo, 10%. O Nef reconheceu incorretamente o produto como uma espécie dimérica. No entanto, Grundmann e Kreutzberger verificaram o composto como um trímero de cianeto de hidrogénio, s-triazina, em 1954 [65, 66]. A triazina não sofre reação de substituição electrofílica. No entanto, pode ser facilmente submetida à clivagem do anel por nucleófilos e é altamente sensível à hidrólise pela água [65, 66].

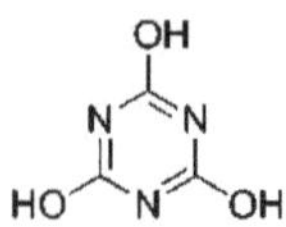

(XXII)

O ácido cianúrico (**XXII**) foi a primeira forma sintetizada de triazinas. Scheele sintetizou o ácido cianúrico através da pirólise do ácido úrico em 1776.

Inicialmente, o composto sintetizado foi considerado um híbrido de grupos cianeto e foi sintetizado a partir do ácido úrico, tendo-lhe sido dado o nome geral de "ácido cianúrico".

O cloreto cianúrico sofre facilmente reacções nucleofílicas através da deslocação de três cloretos, cada um a uma temperatura diferente durante a SNAr. O esquema 1 ilustra este processo para a incorporação de amino nucleófilos. Regra geral, a primeira substituição ocorre a baixas temperaturas, 0-5 °C, a segunda substituição aproximadamente à temperatura ambiente, 36-43 °C, e a terceira a temperaturas de refluxo, 75-100 °C [67-71].

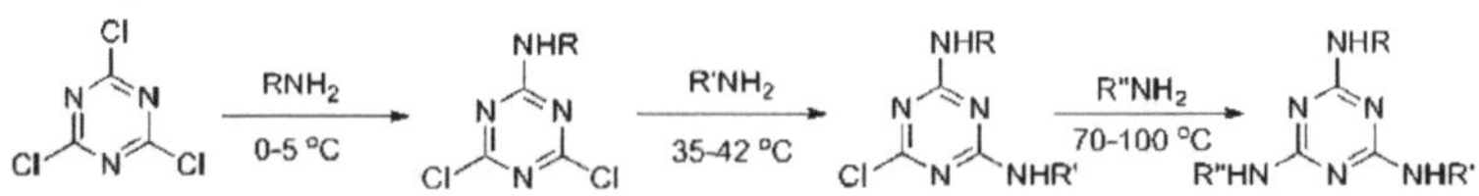

Esquema 1 Reatividade diferencial do cloreto cianúrico

Métodos gerais para a preparação de s-triazina

1. Os compostos de fórmula geral XCN sofrem trimerização para produzir s-triazina, em que X pode ser H, halogéneo, alquilo, aril, amino, hidroxilo, etc. (**XXIII**).

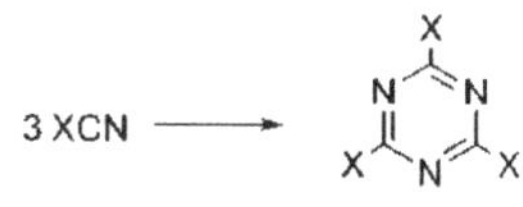

(XXIII)

2. Por ciclização de biguanidinas e compostos afins (**XXIV**).

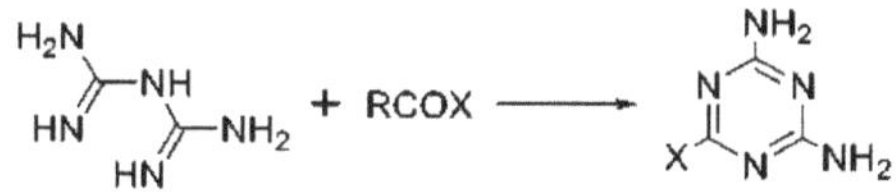

(XXIV)

3. Por reação de amidinas ou nitrilos com anidrido ácido e cloretos ácidos (**XXV**).

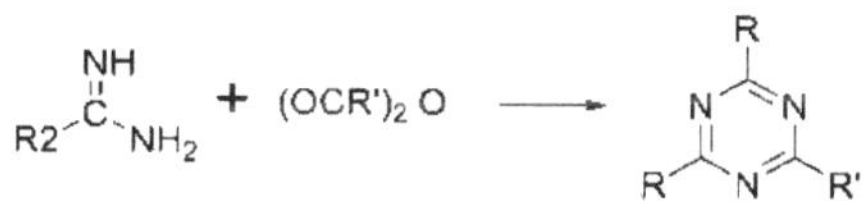

(XXV)

4. Smolin & Rappeport [65], Modest [72] e Hoggarth [73] analisaram muitas vias sintéticas para a preparação da s-triazina.
5. O cloreto cianúrico foi obtido pela reação do cloro com o ácido cianídrico anidro sob luz solar direta (**XXVI**) em 1828 por Serullas [74].

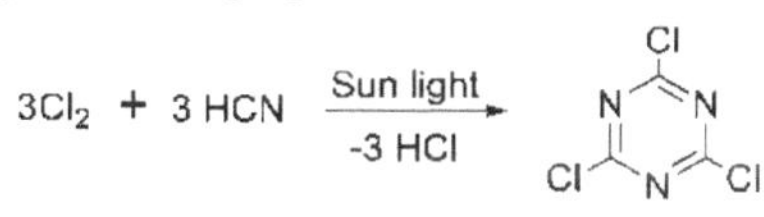

(XXVI)

6. Síntese a partir de dicianodiamida (cianoguanidina)

As nitrilas são mais frequentemente utilizadas para condensar com (**XXVII**) para a síntese de 6-substituídas-2,4-diamino-1,3,5-triazinas (**XXVIII**). A reação é catalisada por hidróxido de potássio e decorre entre 82 °C e 150 °C durante 1,5-4 horas, o que depende dos nitrilos utilizados (Esquema 2) [75].

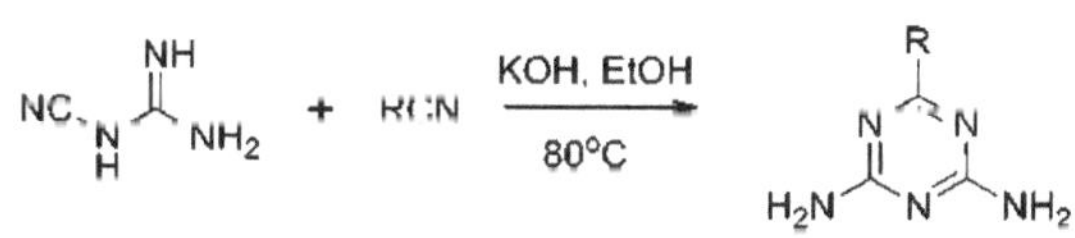

(XXVII) **(XXVIII)**

Esquema 2 Síntese de 2,4-diamino-1,3,5-triazinas a partir da cianoguanidina

7. Síntese a partir de amidinas e derivados de guanidina

As amidinas são um grupo importante de compostos que sofrem a reação com vários fragmentos de três átomos para gerar 1,3,5-triazinas. Como ilustrado no Esquema 3, a síntese de várias 1,3,5-triazinas pode ser facilmente realizada pela reação de N-cianoamidinas (**XXIX**) com sais de clorometileno-mínio [76] (**XXX**).

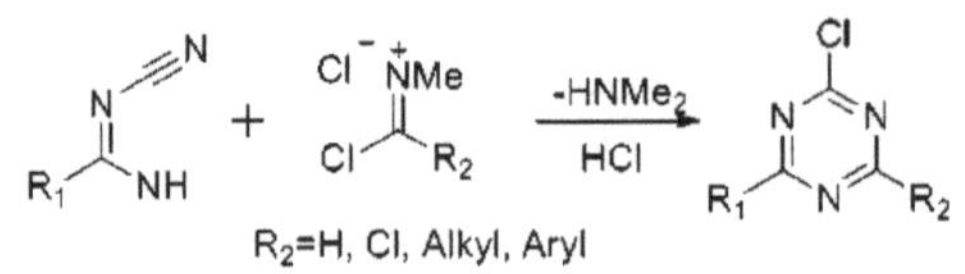

(XXIX) (XXX) (XXXI)

Esquema 3 Síntese de 1,3,5-triazinas a partir de sais de clorometilenoimínio com W-cianoamidinas

Química da tioureia

As tioureas são uma classe de compostos orgânicos que têm uma vasta gama de aplicações em vários domínios, incluindo produtos farmacêuticos, borracha, bem como produtos químicos úteis, incluindo insecticidas, conservantes, rodenticidas. Muitas delas são utilizadas em corantes, películas fotográficas, têxteis, etc. Apresentam uma vasta gama de aplicações farmacológicas [77-81].

As tioureas são geralmente representadas pela seguinte estrutura (**XXXII**)

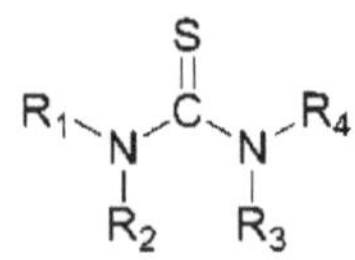

(XXXII)

Onde

R1, R2, R3, R4 = H, alquilo, arilo, etc.

Métodos gerais de preparação de tioureias mono-substituídas

1. A amina primária reage com dissulfureto de carbono na presença de uma base, utilizando álcool como solvente.

   Um dos métodos mais antigos para sintetizar tioureias simétricas é a reação de aminas primárias (**XXXIII**) com dissulfureto de carbono (Esquema 4) [82].

   O mecanismo para a síntese de tioureas por esta via não é muito claro, mas acredita-se que um intermediário ditiocarbamato de amónio (**XXXIV**) esteja envolvido na reação.

   O mecanismo proposto para a síntese da tioureia é descrito a seguir.

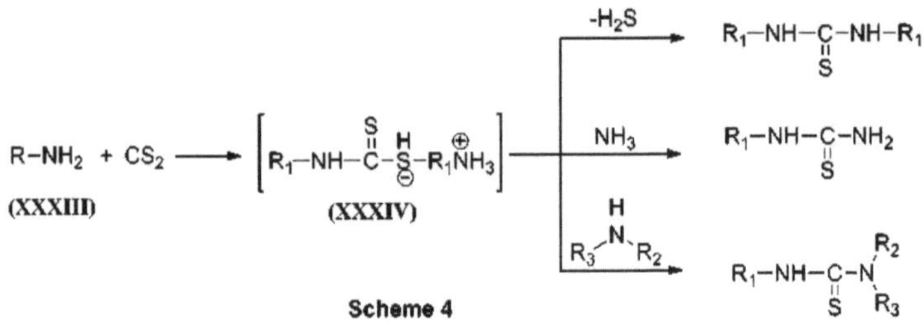

Scheme 4

Em que R1,R2, R3 = alquilo, arilo, etc.

A velocidade da reação aumenta na presença de catalisadores como o cobre elementar, o enxofre, o peróxido de hidrogénio, os iões hidróxido, o iodo, a piridina, etc. A síntese de tioureas cíclicas (**XXXV**) a partir de (**XXXVI**) é efectuada utilizando dissulfureto de carbono, como se mostra no esquema seguinte (Esquema 5) [83].

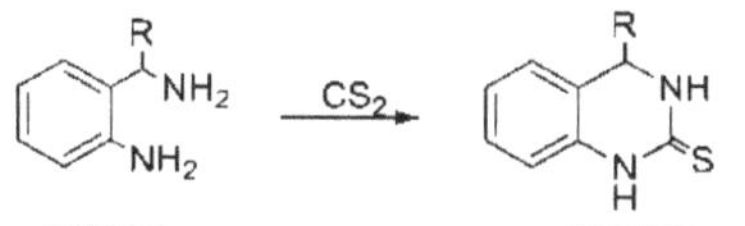

(XXXV) (XXXVI)

R = H, Me

Esquema 5

A reação de isotiocianatos de alquilo e arilo com amoníaco ou aminas é o processo padrão mais importante de síntese de tioureia [77]. As tioureias mono-substituídas, 1,3-dissubstituídas e 1,1,3-trissubstituídas podem ser sintetizadas através desta reação (Esquema 6).

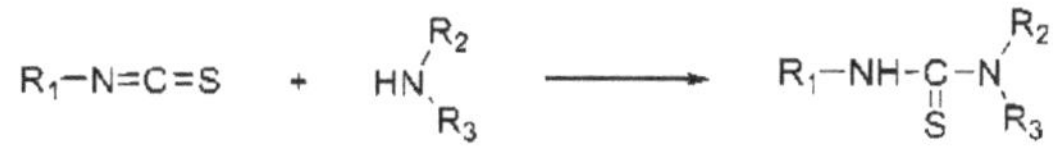

R_1, R_2, R_3 = H, alkyl, aryl etc.

Esquema 6

2. Reação do isotiocianato com amina primária ou amoníaco

A reação de isotiocianato substituído com amina primária ou amoníaco produziu tioureia 1,3-dissubstituída assimétrica [84]. O produto indesejável pode ser removido por hidrólise alcalina ou ácida (Esquema 7).

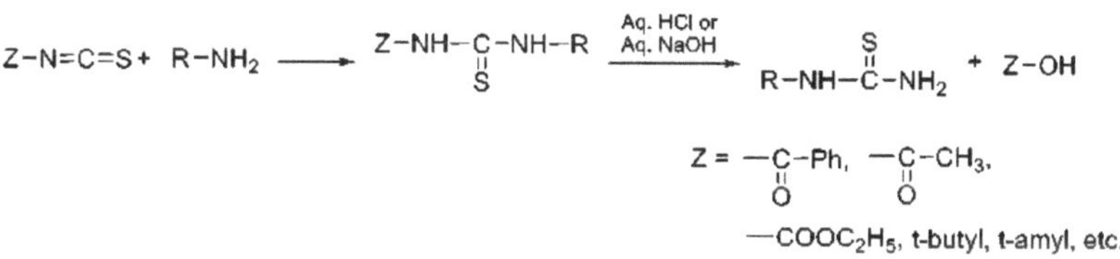

R= Substituted Phenyl

Esquema 7

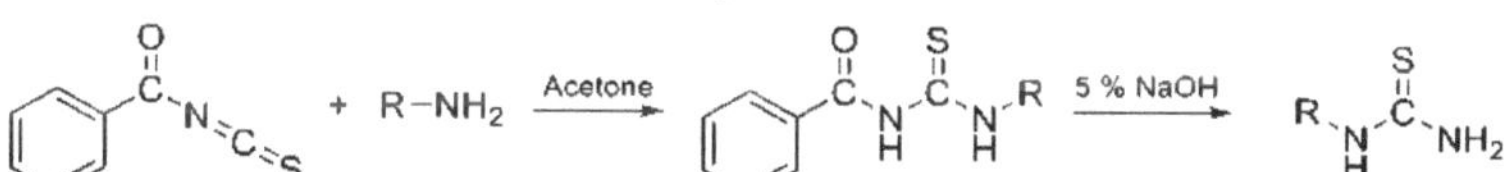

R= alkyl, aryl etc.

Esquema 8

3. Foi demonstrada na literatura uma variedade de tioureias sintetizadas a partir da participação ativa de aminas alifáticas, aromáticas, de cadeia aberta ou cíclicas, bem como de derivados de aminas como as quetiminas, hidroxilamina, iminoéster e amidinas [82].

Química da piperazina

A piperazina é um importante composto heterocíclico de seis membros, constituído por dois átomos de azoto em lados opostos. Devido à semelhança química com a piperidina, um constituinte da piperina na planta da pimenta preta (Piper nigrum), as piperazinas (**XXXVII**) foram originalmente assim designadas. No entanto, a piperazina não é derivada das plantas de Piper. Basicamente, a piperazina é a azina correspondente da piperidina.

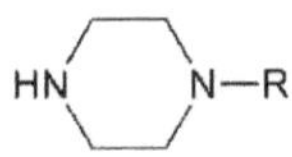

(XXXVII) R= Grupos funcionais

A piperazina foi originalmente sintetizada para o tratamento da gota. Os Wellcome Research Laboratories sintetizaram pela primeira vez piperazinas como agente anti-helmíntico ativo para o gado em 1944. Mas este produto foi recusado para o fim desejado devido à sua fraca atividade e efeitos indesejáveis, como convulsões. A piperazina pode ser sintetizada

1. Por reação de amoníaco alcoólico com 1,2-dicloroetano
2. Pela reação de sódio e etilenoglicol com cloridrato de etilenodiamina,
3. Por redução da pirazina com sódio em etanol.

Devido à vasta gama de aplicações biológicas, os derivados da piperazina têm sido extensivamente investigados pelos químicos orgânicos. O reconhecimento das piperazinas continua a aumentar devido ao seu estatuto legal em algumas jurisdições, aos seus fracos efeitos psicoactivos e à sua segurança em comparação com as drogas ilícitas. Além disso, a piperazina é um motivo muito importante para a síntese de várias moléculas activas na indústria farmacêutica. A partir da pesquisa bibliográfica, pode concluir-se que os compostos biseterocíclicos apresentam uma atividade antibacteriana muito boa.

CAPÍTULO 4

Novos Congéneres de s-Triaziniltioureia via Acoplamento Catalisado por Cobre: Racional, Síntese e sua Avaliação Antimicrobiana e Anti-TB

Resumo

Uma biblioteca de congéneres de s-triaziniltioureia dotados de várias aminas aromáticas, bem como de derivados de piperazina, foi sintetizada através de um acoplamento eficiente e sustentável catalisado por cobre, a fim de preparar agentes antimicrobianos eficazes. De todas as estruturas sintetizadas, foram avaliadas quanto à sua atividade antibacteriana, antifúngica e anti-TB in vitro, tendo-se verificado que 5a, 5b, 5c, 5e, 5g, 6c, 6f e 6g são altamente activos contra determinadas estirpes de bactérias, fungos e M. tuberculosis H37Rv. Todos os derivados recentemente sintetizados foram bem caracterizados pelo seu IR, ^{1}H NMR, ^{13}C NMR, espetroscopia de massa, bem como análise elementar.

Introdução

Devido às doenças infecciosas emergentes e ao rápido desenvolvimento da flora microbiana multirresistente (MDR), o tratamento de várias infecções microbianas tornou-se um dilema clínico difícil. Ainda que muitos antibióticos e fármacos terapêuticos sejam utilizados regularmente na clínica, a ocorrência de micróbios MDR leva à necessidade urgente de desenvolver novos agentes antimicrobianos [85-87]. Nas últimas décadas, os congéneres de s-triazina revelaram-se estruturas privilegiadas para o desenvolvimento de compostos bioactivos menos tóxicos. Os químicos sintéticos concentraram a sua atenção nos fármacos à base de s-triazinas devido à sua vasta gama de actividades biológicas, tais como antimicrobiana [37, 88-90], anticancerígena [33, 91], anti-HIV [92], anti-inflamatória [93], etc. Recentemente, duas séries de algumas estruturas s-triazinílicas dotadas de amina/piperazina foram racionalizadas e sintetizadas pelo nosso grupo [40, 43]. Verificou-se que estes derivados exibem uma eficácia antimicrobiana boa a moderada contra uma variedade de micróbios. As tioureias/ureias substituídas com N-aril e N-heteroaril também são conhecidas por receberem uma atenção significativa devido às suas actividades biológicas generalizadas, incluindo antimicrobiana, antiviral, etc. [94, 95]. Os derivados de s-triazinil-tioureia estão associados a muitos dos esqueletos heterocíclicos que apresentam um excelente efeito inibidor num micróbio específico [92, 96, 97]. Alguns fármacos à base de triazina, como a altretamina, a trietilenemelamina e a atrazina, também têm sido utilizados para fins medicinais na clínica.

O desenvolvimento de um método optimizado para a síntese de muitas moléculas heterocíclicas continua a ser um desafio. Os derivados de s-triaziniltioureia podem ser sintetizados pela reação de amino triazina com isotiocianatos através da via tradicional [96]. Neste caminho, a preparação da amino triazina é realizada pelo método distinto desenvolvido por Diels [69, 98] e pela American Cyanamide Company [99, 100], onde o cloreto cianúrico reage com amoníaco a baixa temperatura. Desta forma, a amino triazina sintetizada é pouco solúvel em solvente e também mostrou alta reatividade. Por conseguinte, a aminólise da s-triazina é preferencialmente efectuada na última fase, ou seja, para remover o terceiro átomo de cloro. Esta etapa envolve condições de reação difíceis, em que o intermediário monocloro s-triazina pode reagir com hidróxido de amónio a alta pressão e temperatura, resultando em baixo rendimento, má qualidade e tempo de reação elevado. Hongfei Yin et al. [101] sintetizaram N,N-dissubstituídas-N' -arilureias através de uma reação de três componentes de brometos de arilo, cianato de potássio e aminas secundárias catalisada por cobre. Recentemente, desenvolvemos um novo método para a preparação de s-triazinil ureias através do acoplamento C-N catalisado por paládio [102]. Na continuação dos nossos esforços para o desenvolvimento e otimização de novos métodos para a preparação de tioureas heteroariladas, preferimos um método alternativo utilizando monocloro s-triazina, tiocianato de amónio e 1°/2° amina através de uma reação de acoplamento catalisada por cobre.

Deste ponto de vista, tem sido dedicada uma atenção considerável ao desenvolvimento de novos derivados heterocíclicos que possam atuar como agentes antimicrobianos eficazes.

Racionalização do trabalho

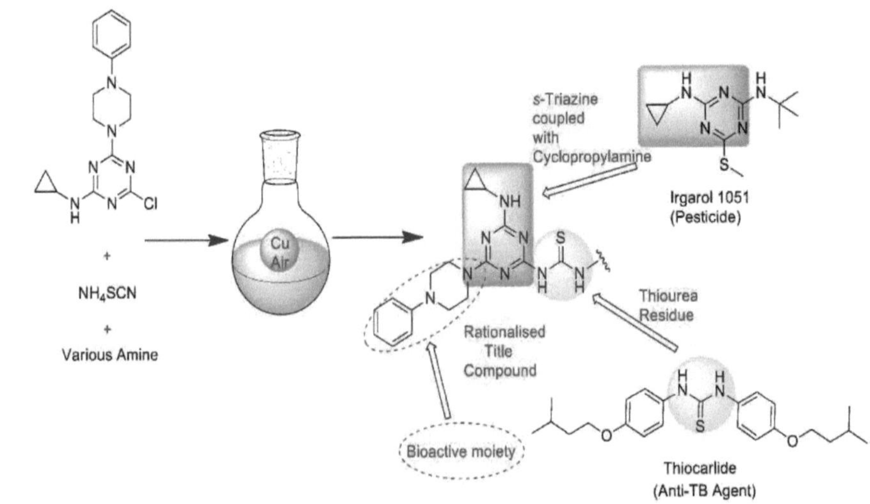

Representação esquemática da síntese de 5a-g

Etapa 1

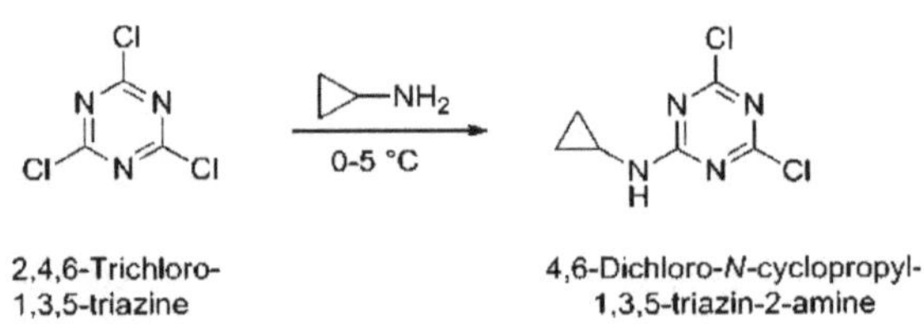

Etapa 2

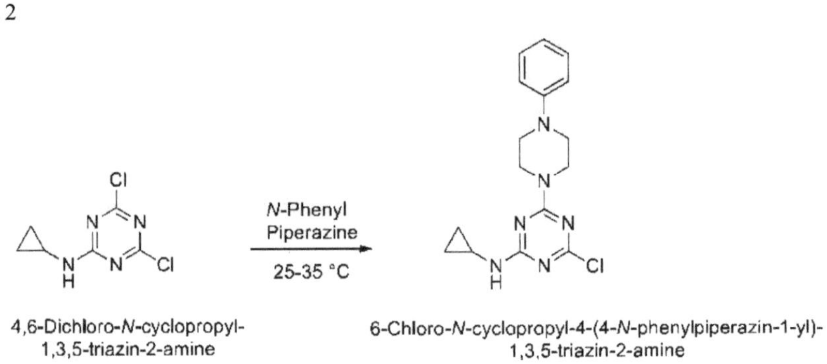

Etapa 3

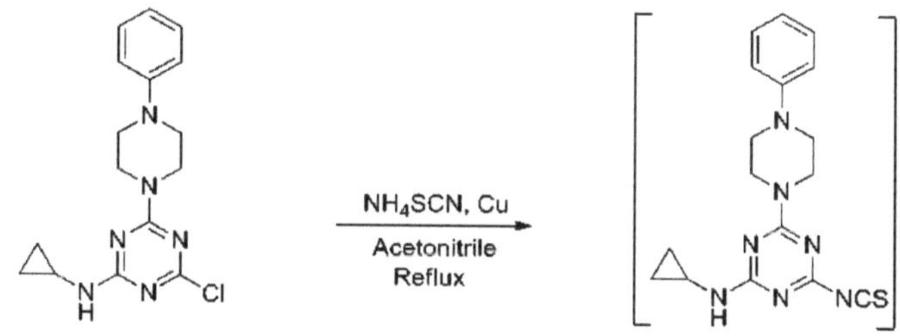

6-Chloro-*N*-cyclopropyl-4-(4-*N*-phenylpiperazin-1-yl)-1,3,5-triazin-2-amine

N-Cyclopropyl-6-Isothiocyanato-4-(4-*N*-phenylpiperazin-1-yl)-1,3,5-triazin-2-amine

Etapa 4

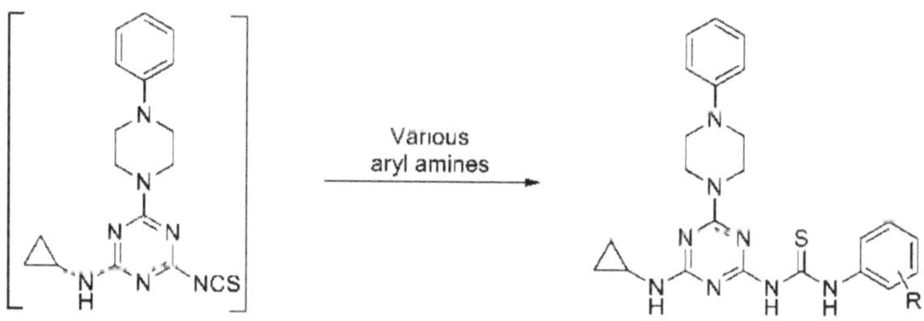

N-Cyclopropyl-6-isothiocyanato-4-(4-*N*-phenylpiperazin-1-yl)-1,3,5-triazin-2-amine

1-(4-(Cyclopropylamino)-6-(4-*N*-phenylpiperazin-1-yl)-1,3,5-triazin-2-yl)-3-arylthiourea

(5a-g)

Onde,

Compound	R	Compound	R
5a	3-Cl	**5f**	4-$COCH_3$
5b	4-Cl	**5g**	2-CH_3
5c	4-F		
5d	3-NO_2		
5e	3-OH		

Representação esquemática da síntese de 6a-g

Etapa 1

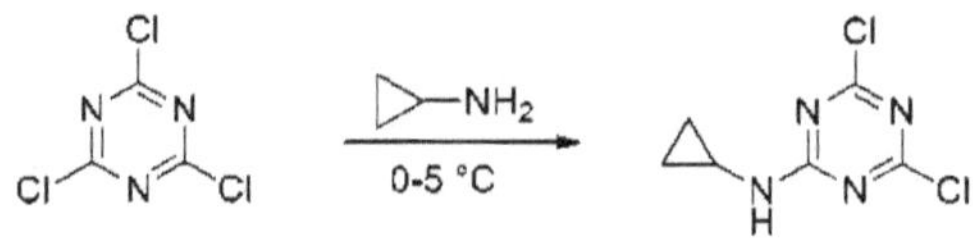

2,4,6-Trichloro-1,3,5-triazine

4,6-Dichloro-*N*-cyclopropyl-1,3,5-triazin-2-amine

Etapa 2

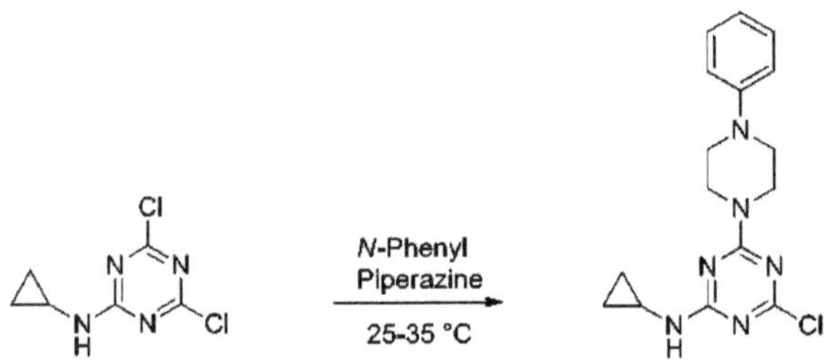

4,6-Dichloro-*N*-cyclopropyl-1,3,5-triazin-2-amine

6-Chloro-*N*-cyclopropyl-4-(4-*N*-phenylpiperazin-1-yl)-1,3,5-triazin-2-amine

Etapa 3

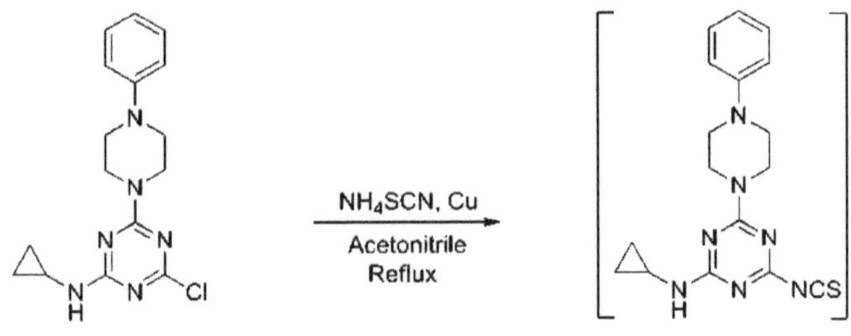

6-Chloro-*N*-cyclopropyl-4-(4-*N*-phenylpiperazin-1-yl)-1,3,5-triazin-2-amine

N-Cyclopropyl-6-isothiocyanato-4-(4-*N*-phenylpiperazin-1-yl)-1,3,5-triazin-2-amine

Etapa 4

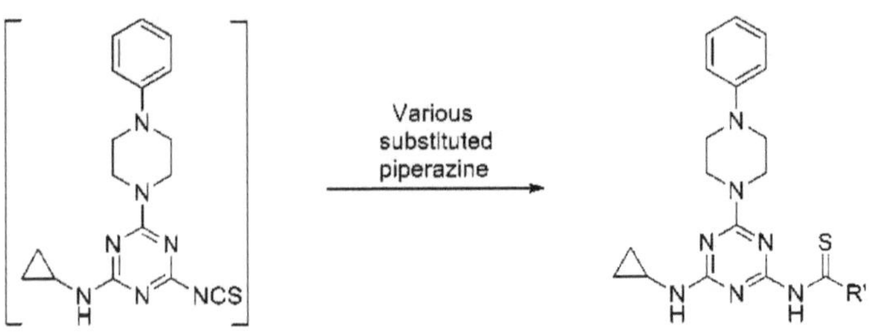

N-Cyclopropyl-6-isothiocyanato-4-(4-*N*-phenylpiperazin-1-yl)-1,3,5-triazin-2-amine

N-(4-(Cyclopropylamino)-6-(4-*N*-phenylpiperazin-1-yl)-1,3,5-triazin-2-yl)-4-substitutedpiperazin-1-carbothioamide

(6a-g)

Onde,

Compound	R'	Compound	R'
6a	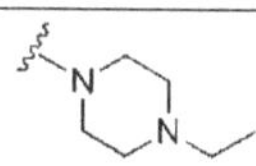	6f	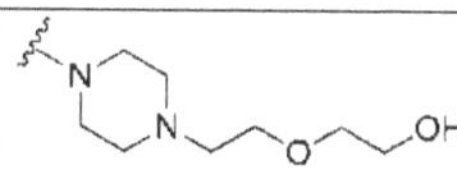
6b	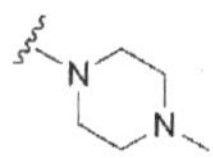	6g	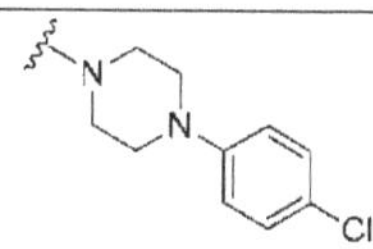
6c	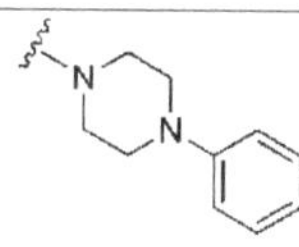		
6d	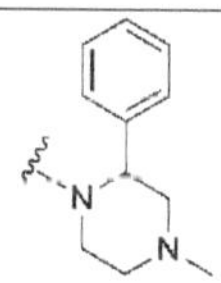		
6e	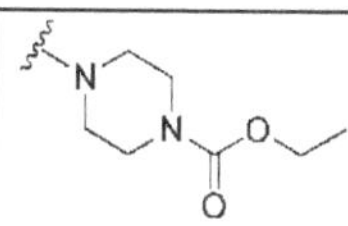		

Resultados e discussão

Avaliação biológica

Todos os derivados de s-triaziniltioureia recentemente sintetizados (4a-g e 5a-g) foram avaliados quanto à sua atividade antimicrobiana in vitro contra cinco estirpes bacterianas (Staphylococcus aureus MTCC 96, Bacillus subtilis MTCC 441, Escherichia coli MTCC 739, Pseudomonas aeruginosa MTCC 741 e Klebsiella pneumoniae MTCC 109) e quatro estirpes fúngicas (Aspergillus niger MTCC 282, Aspergillus fumigates MTCC 343, Aspergillus clavatus MTCC 1323, Candida albicans MTCC 183) utilizando a técnica de diluição em caldo. A ciprofloxacina e o cetoconazol foram utilizados como fármacos de controlo padrão para a atividade antibacteriana e antifúngica, respetivamente. Além disso, todos os derivados recentemente sintetizados foram avaliados quanto à sua atividade antimicobacteriana in vitro (contra Mycobacterium tuberculosis H37Rv) utilizando o método MIC de Lowenstein-Jensen, usando a isoniazida, a rifampicina, o etambutol e a pirazinamida como fármacos de controlo padrão.

Quadro 1 Atividade antibacteriana in vitro dos compostos 5a-g e 6a-g recentemente sintetizados

Entry	R/R'	Log P	Zone of Inhibition in mm (MIC in µg/mL)				
			S.a	*B.s*	*E.c*	*P.a*	*K.p*
5a	3-Cl	5.86	10 (50)	30 (100)	16 (12.5)	32 (6.25)	09 (200)
5b	4-Cl	5.86	22 (6.25)	27 (12.5)	19 (100)	21 (100)	06 (25)
5c	4-F	5.46	17 (200)	37 (0.76)	13 (200)	11 (200)	14 (50)
5d	3-NO_2	-	11 (100)	17 (200)	08 (50)	19 (100)	07 (100)
5e	3-OH	4.92	13 (200)	32 (25)	12 (25)	13 (12.5)	19 (12.5)
5f	4-$COCH_3$	4.62	07 (25)	28 (100)	06 (50)	27 (200)	10 (100)
5g	2-CH_3	5.79	08 (12.5)	16 (12.5)	25 (6.25)	14 (25)	05 (25)
6a	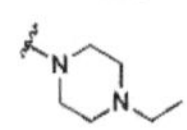	4.11	15 (100)	23 (50)	18 (100)	22 (50)	11 (100)
6b	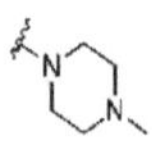	3.77	11 (200)	30 (200)	14 (100)	25 (100)	08 (12.5)
6c	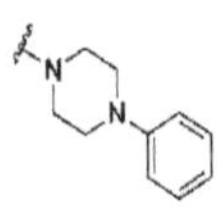	5.85	09 (50)	37 (0.76)	10 (25)	17 (50)	06 (200)
6d	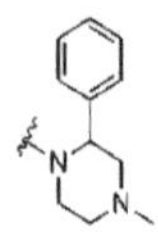	5.49	16 (25)	19 (3.12)	09 (100)	24 (12.5)	10 (100)
6e	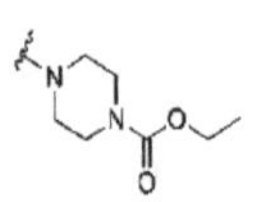	3.97	11 (100)	28 (25)	16 (200)	15 (50)	07 (100)
6f	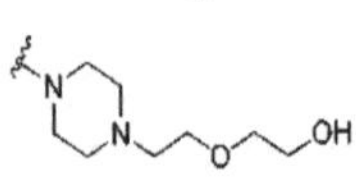	3.10	21 (6.25)	22 (100)	14 (12.5)	20 (100)	05 (50)
6g	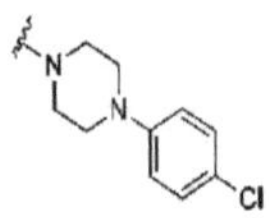	6.41	17 (50)	21 (50)	24 (6.25)	18 (200)	11 (100)
Cip.	-	-	22 (6.25)	38 (0.06)	25 (6.25)	32 (6.25)	19 (12.5)
DMSO	-	-	-	-	-	-	-

O Log P foi calculado utilizando o ChemDraw Ultra, versão 12.0

Cip. Ciprofloxacina, S.a Staphylococcus aureus, B.c Bacillus subtilis, E.c Escherichia coli, P.a Pseudomonas aeruginosa, K.p Klebsiella pneumoniae

Quadro 2 Atividade antifúngica in vitro dos compostos 5a-g e 6a-g recentemente sintetizados

Entry	R/R'	Log P	Zone of Inhibition in mm (MIC in µg/mL)			
			A.n	*A.f*	*A.c*	*C.a*
5a	3-Cl	5.86	21 (12.5)	13 (50)	24 (100)	20 (25)
5b	4-Cl	5.86	17 (50)	10 (100)	19 (50)	34 (0.78)
5c	4-F	5.46	23 (6.25)	28 (0.78)	14 (200)	26 (100)
5d	3-NO_2	-	08 (50)	09 (25)	20 (12.5)	19 (50)
5e	3-OH	4.92	10 (100)	16 (200)	28 (3.12)	27 (12.5)
5f	4-$COCH_3$	4.62	30 (1.56)	20 (100)	14 (100)	17 (3.12)
5g	2-CH_3	5.79	18 (12.5)	17 (25)	19 (200)	09 (6.25)
6a	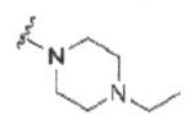	4.11	23 (25)	19 (50)	25 (12.5)	13 (25)
6b	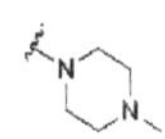	3.77	12 (100)	11 (12.5)	10 (100)	16 (50)
6c	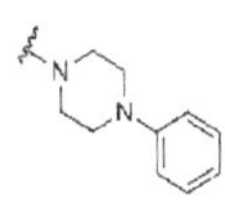	5.85	22 (50)	14 (25)	30 (50)	08 (200)
6d	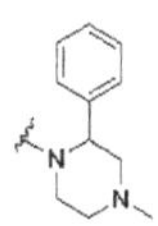	5.49	09 (200)	12 (100)	32 (0.78)	12 (12.5)
6e	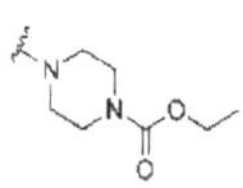	3.97	13 (12.5)	18 (100)	20 (200)	25 (50)
6f	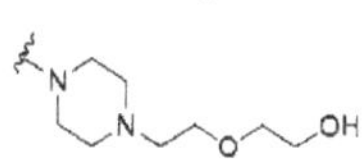	3.10	17 (100)	17 (200)	27 (50)	16 (100)
6g	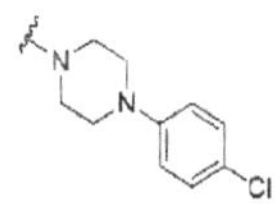	6.41	31 (1.56)	23 (25)	18 (100)	32 (0.78)
Ket.	-	-	30 (≤ 3)	29 (≤ 1)	31 (≤ 1)	33 (≤ 1)
DMSO	-	-	-	-	-	-

O Log P foi calculado utilizando o ChemDraw Ultra, versão 12.0

Ket. Cetoconazol, **A.n Aspergillus niger, A.f Aspergillus fumigates, A.c Aspergillus clavatus, C.a Candida albicans**

Quadro 3 Atividade anti-tuberculose in vitro dos compostos 5a-g e 6a-g recentemente sintetizados

Entry	R/R'	Log P	L-J MIC method[a]	
			MIC (µg/mL)	% Inhibition
5a	3-Cl	5.86	6.25	96
5b	4-Cl	5.86	100	90
5c	4-F	5.46	200	84
5d	3-NO_2	-	12.5	92
5e	3-OH	4.92	3.12	99
5f	4-$COCH_3$	4.62	12.5	92
5g	2-CH_3	5.79	6.25	96
6a	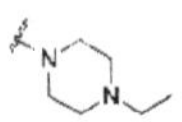	4.11	100	90
6b	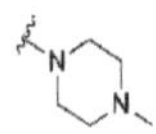	3.77	25	90
6c	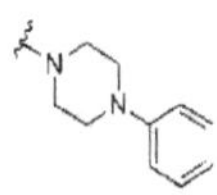	5.85	12.5	92
6d	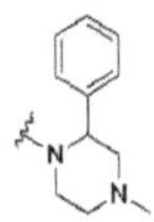	5.49	200	85
6e	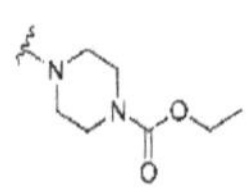	3.97	6.25	95
6f	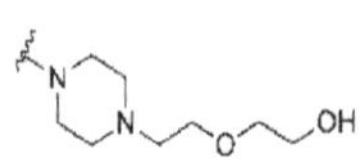	3.10	100	91
6g	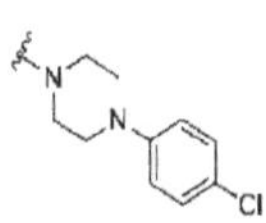	6.41	3.12	99
Isoniazid	-	-	0.25	99
Rifampicin	-	-	0.21	99
Ethambutol	-	-	3.12	99
Pyrazinamide	-	-	3.12	99

[a] Cada valor é a média de três experiências independentes.

O Log P foi calculado utilizando o ChemDraw Ultra, versão 12.0

Atividade antibacteriana in vitro

Os valores da atividade antibacteriana (Tabela 1) indicaram que, entre todos os derivados sintetizados, alguns compostos apresentaram uma atividade boa a moderada contra uma determinada estirpe bacteriana. Os compostos 5a e 5b com grupo cloro foram considerados altamente eficientes contra P. aeruginosa MTCC 741 e S. aureus MTCC 96, respetivamente, ambos com MIC 6,25 μg/mL. O composto 5c com o grupo fluoro apresentou um perfil de inibição superior contra B. subtilis MTCC 441 com uma CIM de 0,76 μg/mL. O grupo hidroxilo que contém a fração 5e indicou uma maior potência contra K. pneumoniae MTCC 109 com uma CIM de 12,5 μg/mL. O composto 5g com um grupo metilo doador de electrões mostrou uma atividade muito boa contra E. coli MTCC 739 com uma CIM de 6,25 μg/mL. Verificou-se que os análogos finais 6c com resíduos de N-fenil piperazina apresentavam uma maior inibição contra B. subtilis MTCC 441 com uma CIM de 0,76 μg/mL. O composto 6f, dotado de um motivo de 2-hidroxi etoxi etil piperazina, apresentou uma excelente inibição para S. aureus MTCC 96 com uma CIM de 6,25 μg/mL. Verificou-se que o andaime final 6g com um resíduo de 4(4-cloro fenil piperazinil) apresenta uma inibição muito boa contra E. coli MTCC 739 a uma CIM de 6,25 μg/mL.

Atividade antifúngica in vitro

Os dados da atividade antifúngica in vitro (Tabela 2) revelam que os compostos que contêm um grupo halogéneo ou um grupo doador de electrões foram altamente potentes para a estirpe fúngica específica. Entre todos os derivados sintetizados, os compostos 5b e 5c que possuem grupos cloro e flúor, respetivamente, foram considerados altamente activos contra C. albicans MTCC 183 e A. fumigates MTCC 343, respetivamente, ambos com MIC 0,78 μg/mL. O composto 5f, dotado de um motivo de acetofenona, apresentou uma atividade superior contra A. niger MTCC 282 com uma CIM de 1,56 μg/mL. O derivado final s-triaziniltioureia 6d, com um resíduo de 2-fenil-4-metil piperazina, apresentou uma maior inibição contra A. clavatus MTCC 1323 com uma CIM de 0,78 μg/mL. Composto 6g
contendo o motivo 4(4-cloro fenil piperazinil) demonstrou ter um excelente efeito inibitório tanto em A. niger MTCC 282 como em C. albicans MTCC 183 com uma CIM de 1,56 μg/mL e 0,78 μg/mL, respetivamente.

Avaliação anti-TB in vitro

Todas as estruturas recentemente sintetizadas foram também examinadas quanto à sua atividade anti-TB in-vitro contra a estirpe micobacteriana M. tuberculosis H37Rv utilizando o método L-J MIC. A Tabela 3 demonstrou que os poucos análogos foram considerados activos contra a estirpe de micobactéria mencionada. De todos os compostos, o 5e, que possui um grupo hidroxilo, e o 6g, dotado de um resíduo de 4(4-cloro-fenil-piperazinilo), foram considerados altamente activos contra o M. tuberculosis H37Rv com uma CIM de 3,12 μg/mL, que é semelhante à dos fármacos de controlo padrão Etambutol e Pirazinamida.

Secção experimental

Material e métodos

Todos os produtos químicos e solventes utilizados para o trabalho de síntese adquiridos de fontes comerciais eram de grau analítico e foram utilizados sem purificação adicional. Os pontos de fusão foram determinados utilizando tubos capilares abertos e não estão corrigidos. A TLC foi verificada em placas E-Merck 60 F254 pré-revestidas e as manchas foram tornadas visíveis por exposição à luz UV ou ao iodo. Os espectros de IV foram registados em SHIMADZU HYPER IR. Os espectros de RMN foram registados num instrumento BRUKER AVANCE de 400 MHz, utilizando TMS como padrão interno (desvio químico em 6, ppm) e DMSO-d6 como solvente. Os espectros foram obtidos com uma frequência de ressonância de 400 MHz para ^{1}H e 100 MHz para ^{13}C NMR. Os padrões de separação são designados do seguinte modo: s, singleto; d, dupleto; dd, dupleto de dupletos; e m, multipleto. A análise elementar foi efectuada no "Haraeus Rapid Analyser".

Os espectros de massa foram registados no modelo JOEL SX-102 (EI) com uma energia de ionização de 60 eV.

Síntese da 4,6-dicloro-N-ciclopropil-1,3,5-triazina-2-amina (2)

A uma solução agitada de cloreto cianúrico (5 g, 0,02711 mol) em éter dietílico (25 mL), foi adicionada uma solução de ciclopropilamina (0,02711 mol) em éter dietílico (25 mL), gota a gota, durante 30 minutos. Em seguida, adicionou-se carbonato de potássio (0,05422 mol) numa fração de 10 minutos. A massa de reação foi agitada durante pelo menos 4 horas. Após a conclusão da reação, a mistura reacional foi despejada em gelo picado. A camada orgânica foi separada, seca com sulfato de sódio e evaporada até à secura para obter o composto (2).

Rendimento 71%, mp 99-101 °C.

Síntese da 6-cloro-N-ciclopropil-4-(4-N-fenilpiperazina-1-il)-1,3,5-triazina-2-amina (3)

A uma solução agitada de 4,6-dicloro-N-ciclopropil-1,3,5-triazin-2-amina (5 g, 0,03082 mol) em DMF (15 mL), foi adicionada uma solução de N-fenil piperazina (0,03082 mol) em DMF (10 mL) e carbonato de potássio (0,03082 mol). A massa reacional foi deixada a agitar a 25-35 °C durante 9 horas. O progresso da reação foi monitorizado por TLC usando hexano:acetato de etilo (8:2) como eluente. Após a conclusão da reação, a massa reacional foi despejada em gelo picado, o sólido obtido foi filtrado, lavado com água e depois seco para dar o composto do título em bruto. (3).

Rendimento 67%, mp 189-192 °C; ^{1}H NMR (400 MHz, DMSO) 6 7,29 (t, J = 7,2 Hz, 2H), 6,95-6,86 (m, 1H), 6,80 (dd, J = 7,6, 1,2 Hz, 2H), 3,73-3,53 (m, 7H), 3,47-2,96 (m, 2H), 2,52-2.39 (m, 1H), 1.84-1.18 (m, 4H); ^{13}C NMR (100 MHz, DMSO) 6 171.84, 167.64, 165.28, 150.76, 129.29, 120.38, 116.40, 49.51, 47.63, 23.27, 8.60; EI MS ($C16H19ClN6$, Mr 330.1) (M^+): 331.4.

Etapa 3 Preparação da N-ciclopropil-6-isotiocianato-4-(4-N- fenilpiperazina-1-il)-1,3,5-triazina-2-amina

A uma solução agitada de 6-cloro-N-ciclopropil-4-(4-N-fenilpiperazina-1-il)-1,3,5-triazina-2-amina (5 g, 0,01511 mol) em acetonitrilo (25 mL), adicionou-se tiocianato de amónio (0,03022 mol) e uma quantidade catalítica de cobre em pó (0,002 mol). A massa de reação foi refluxada durante 18 horas. O progresso da reação foi monitorizado por TLC utilizando hexano:acetato de etilo (7:3) como eluente. Após a conclusão da reação, esta foi arrefecida até à temperatura ambiente e mantida como tal sem isolar o produto.

Rendimento 75%, mp 156-160 °C

Dados espectrais da N-ciclopropil-4-isotiocianato-6-(4- fenilpiperazina-1-il)-1,3,5-triazina-2-amina (4) isolada

Rendimento 65%, mp 198-200 °C; ^{1}H NMR (400 MHz, DMSO) 6 7,33-7,12 (m, 2H), 6,89-6,73 (m, 3H), 3,70-3,51 (m, 5H), 3,42 (dt, J = 23,3, 5,4 Hz, 4H), 2,432,26 (m, 1H), 1,85-1.13 (m, 4H); ^{13}C NMR (100 MHz, DMSO) 6 165,55, 164,88, 162,35, 150,50, 147,23, 129,60, 120,43, 116,10, 49,09, 47,16, 23,43, 8,37; EI MS ($C17H19N7S$, Mr 353,1) (M^+): 354,5.

Procedimento geral para a síntese dos compostos 5a-g e 6a-g

À mistura reacional (obtida no passo 3), adicionou-se a aril/alquil amina ou piperazina apropriada (0,01511 mol) e agitou-se durante 24 h à temperatura ambiente. O progresso da reação foi monitorizado por TLC utilizando hexano:acetato de etilo (6:4) como eluente. Após a conclusão da reação, a massa reacional foi filtrada para remover o cobre que não reagiu e, em seguida, o filtrado foi despejado em gelo picado. O sólido obtido foi filtrado e depois lavado com água para obter o produto em bruto. O produto em bruto foi purificado por cromatografia em coluna para obter os compostos puros desejados.

Dados físicos e analíticos da 1-(4-(ciclopropilamino)-6-(4-N- fenilpiperazin-1-il)-1,3,5-triazin-2-il)-3-ariltioureia (5a-g)

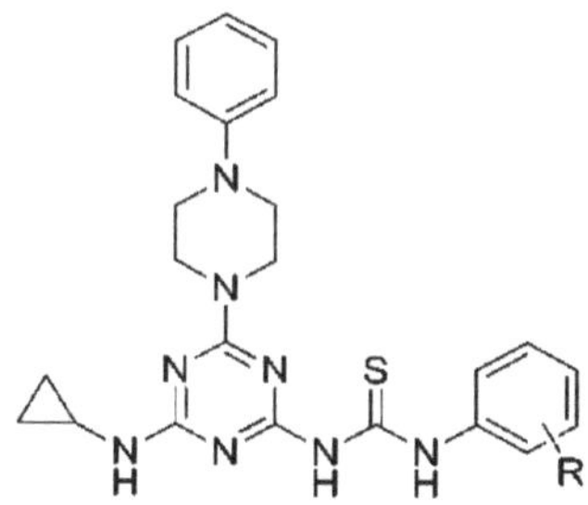

Compound	R	Melting Point range (°C)	M. Wt.	Yield (%)	Mol. Formula	Elemental analysis Found (calcd)%		
						C	H	N
5a	3-Cl	216	481.02	67	$C_{23}H_{25}ClN_8S$	57.48 (57.43)	5.23 (5.24)	23.25 (23.30)
5b	4-Cl	153	481.02	69	$C_{23}H_{25}ClN_8S$	57.39 (57.43)	5.25 (5.24)	23.35 (23.30)
5c	4-F	247	464.56	72	$C_{23}H_{25}FN_8S$	59.42 (59.46)	5.40 (5.42)	24.08 (24.12)
5d	3-NO_2	211-214	491.57	68	$C_{23}H_{25}N_9O_2S$	56.17 (56.20)	5.12 (5.13)	25.59 (25.64)
5e	3-OH	170	462.57	70	$C_{23}H_{26}N_8OS$	59.77 (59.72)	5.66 (5.67)	24.23 (24.22)
5f	4-$COCH_3$	132	488.61	75	$C_{25}H_{28}N_8OS$	61.49 (61.45)	5.76 (5.78)	22.97 (22.93)
5g	2-CH_3	176-179	460.60	66	$C_{24}H_{28}N_8S$	62.55 (62.58)	6.14 (6.13)	24.37 (24.33)

1-(3-Clorofenil)-3-(4-(ciclopropilamino)-6-(4-fenilpiperazina-1-yl)-1,3,5-triazin 2-il)tioureia (5a)

^{1}H RMN (400 MHz, DMSO) δ 9,96 (s, 1H), 8,13 (s, 1H), 7,45-7,20 (m, 2H), 7,14-7,05 (m, 4H), 6,81 6,65 (m, 3H), 3.94-3.63 (m, 4H), 3.52-3.34 (m, 5H), 2.37-2.21 (m, 1H), 1.97-1.19 (m, 4H); ^{13}C NMR (100 MHz, DMSO) δ 176.75, 173.22, 170.86, 169.64, 166.50, 162.42, 159.34, 155.84, 153.28, 150.67, 147.37, 145.49, 143.58, 142.94, 136.55, 131.61, 125.43, 112.73; EI MS (C23H25ClN8S, Mr 481.0) (M^+): 482.2.

1-(4-Clorofenil)-3-(4-(ciclopropilamino)-6-(4-fenilpiperazina-1 il)-1,3,5-triazina-2-il)tioureia (5b)

IR (vmax cm^{-1}):3248 (N-H), 3007 (alquil C-H), 2906 (C-H aromático), 1537 (C=S tioureia), 1230 (C-N alifático), 806 (C3N3, s-triazina), 759 (C-Cl aromático); ^{1}H RMN (400 MHz, DMSO) δ 9,89 (s, 1H, tioureia NH ligada à triazina), 8.99 (s. 1H, tioureia NH ligada ao anel fenilo), 7,43-7,16 (m,

4H, Ar-H), 7,05-6,78 (m, 5H, Ar-H), 4,10-3,84 (m, 8H, piperazina), 3,68 (s, 1H, ciclopropilamina NH), 2,63-2,32 (m, 1H, ciclopropilamina), 1,33-1.05 (m, 4H, ciclopropilamina); RMN ^{13}C (100 MHz, DMSO) 6 178,67 (C=S da tioureia), 165,49 (C da triazina ligada à tioureia), 164,15 (C da triazina ligada à N-fenil piperazina), 163,69 (C da triazina ligada à ciclopropilamina), 152.37 (Ar-C-Cl), 140,72 (Ar-C ligado a tioureia), 131,16, 129,05, 128,85, 126,17, 123,13, 122,63, 121,57, 119,82, 118,34 (11 Ar-C), 49,27 (2C de piperazina), 47,33 (2C de piperazina), 23,12 (1C de ciclopropilamina), 8,89 (2C de ciclopropilamina); MS (m/z): 482,8 [M^+].

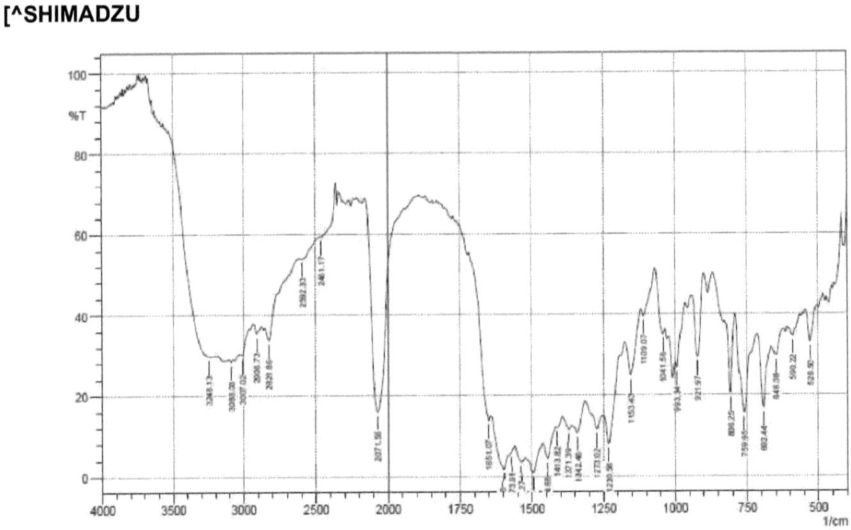

Espectro de IV do composto 5b

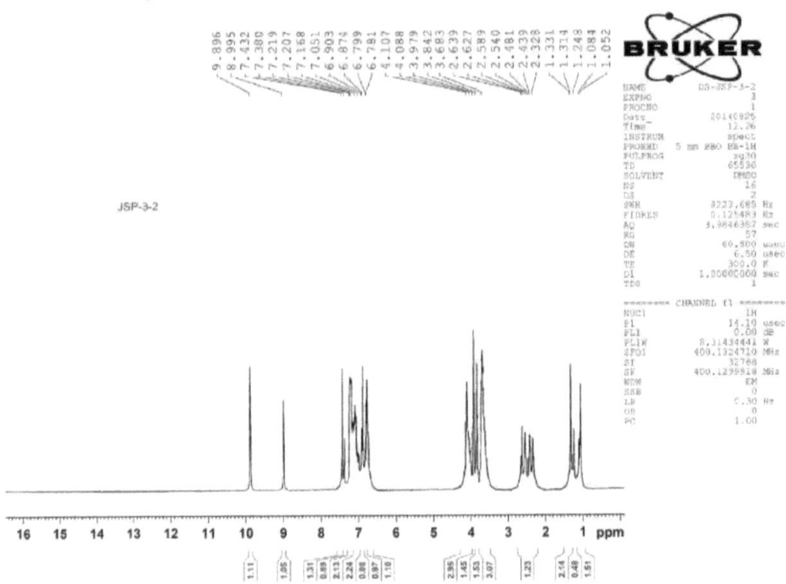

Espectro de RMN de ^{1}H do composto 5b

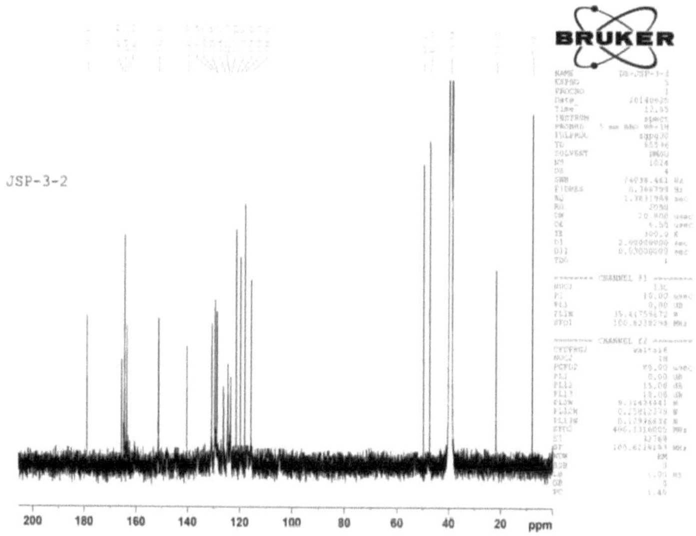

Espectro de RMN ^{13}C do composto 5b

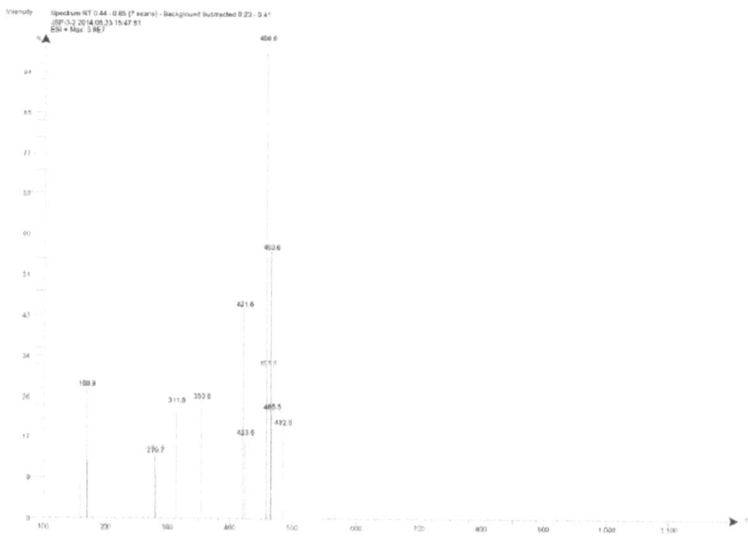

Espectro de massa do composto 5b

1-(4-(ciclopropilamino)-6-(4-fenilpiperazina-1-il)-1,3,5-triazina-2-il)-3-(4-fluorofenil)tioureia (5c)
^{1}H NMR (400 MHz, DMSO) δ 9,72 (s, 1H), 8,64 (s, 1H), 7,55-7,32 (m, 2H), 7,10 (dt, J = 15,5, 7,6

Hz, 4H), 6,89-6,61 (m, 3H), 3,82-3,27 (m, 5H), 3,543,39 (m, 4H), 2,61-2,56 (m, 1H), 1,76-1.24 (m, 4H); ^{13}C NMR (100 MHz, DMSO) 6 178,55, 165,43, 164,86, 164,47, 160,69, 158,23, 150,61, 135,19, 129,29, 122,73, 120,85, 116,17, 115,84, 115,26, 49,64, 47,47, 23,37, 8,41; EI MS (C23H25FN8S, Mr 464,1) (M^+): 465,3.

1-(4-(ciclopropilamino)-6-(4-fenilpiperazina-1-il)-1,3,5-triazina-2-il)-3-(3-nitrofenil)tioureia (5d)

1_H RMN (400 MHz, DMSO) 6 10,43 (s, 1H), 9,97 (s, 1H), 8,46 (t, J = 1,4 Hz, 1H), 8,25-7,95 (m, 1H), 7.76-7.61 (m, 2H), 7.48 (t, J = 7.5 Hz, 2H), 6.92-6.77 (m, 3H), 3.89-2.84 (m, 9H), 2.50-2.39 (m, 1H), 1.82-1.27 (m, 4H); ^{13}C NMR (100 MHz, DMSO) 6 178,64, 165,54, 164,75, 164,37, 150,81, 150,43, 141,85, 129,75, 126,27, 120,43, 118,10, 116,65, 115,30, 49,74, 47,27, 23,68, 8,32; EI MS (C23H25N9O2S, Mr 491,1) (M^+): 492,6.

1-(4-(ciclopropilamino)-6-(4-fenilpiperazina-1-il)-1,3,5-triazina-2-il)-3-(3-hidroxifenil) tioureia (5e)

^{1}H RMN (400 MHz, DMSO) 6 9,99 (s, 1H), 9,86 (s, 1H), 8,43 (s, 1H), 7,43 (q, J = 7,6 Hz, 3H), 6,88 (dt, J = 7,3, 1,4 Hz, 1H), 6.64 (m, 3H), 6.51 (t, J = 1.5 Hz, 1H), 6.43 (dt, J = 7.6, 1.7 Hz, 1H), 4.27 (s, 1H), 3.73-3.60 (m, 4H), 3.523.37 (m, 4H), 2.43-2.36 (m, 1H), 1.81- 1.38 (m, 4H); ^{13}C RMN (100 MHz, DMSO) 6 178.87, 165.76, 164.43, 164.13, 156.67, 150.47, 140.36, 130.13, 129.35, 120.43, 116.22, 113.37, 111.82, 108.60, 49.53, 47.72, 23.17, 8.40; EI MS (C23H26N8OS, Mr 462.2) (M^+): 463.5.

1-(4-Acetilfenil)-3-(4-(ciclopropilamino)-6-(4-fenilpiperazina-1-il)-1,3,5-triazina-2-il) tioureia (5f)

^{1}H RMN (400 MHz, DMSO) 6 10,86 (s, 1H), 9,70 (s, 1H), 7,67 (d, J = 7,1 Hz, 2H), 7,44 (d, J = 7,6 Hz, 2H), 7.35 (t, J = 7,2 Hz, 2H), 6,81-6,64 (m, 3H), 3,64-3,39 (m, 9H), 2,64 (s, 3H), 2,48-2,11 (m, 1H), 2,18-1.44 (m, 4H); ^{13}C NMR (100 MHz, DMSO) 6 197,27, 178,66, 165,18, 164,73, 164,22, 150,67, 142,32, 133,73, 130,13, 129,74, 120,67, 119,86, 116,40, 49,31, 47,65, 27,30, 23,84, 8,61; EI MS (C25H28N8OS, Mr 488,2) (M^+): 489,3.

1-(4-(ciclopropilamino)-6-(4-fenilpiperazina-1-il)-1,3,5-triazina-2-il)-3-(o-tolil)tioureia (5g)

^{1}H RMN (400 MHz, DMSO) 6 9,89 (s, 1H), 8,58 (s, 1H), 7,59-6,98 (m, 6H), 6,87-6,69 (m, 3H), 3,75-3,61 (m, 2H), 3,50-3,35 (m, 3H), 3,24-3,10 (m, 4H), 2,38 (m, 1H), 2,27 (s, 3H), 1,34-0.84 (m, 4H); ^{13}C NMR (100 MHz, DMSO) 6 182,77, 165,68, 164,72, 164,46, 150,37, 137,11, 132,34, 129,50, 129,27, 127,29, 124,38, 123,45, 120,46, 116,41, 49,73, 47,30, 23,08, 17,79, 8,84; EI MS (C24H28N8S, Mr 460,2) (M^+): 461,7.

Dados físicos e analíticos da N-(4-(ciclopropilamino)-6-(4-N- fenilpiperazin-1-il)-1,3,5-triazin-2-il)-4-substituídapiperazin-1-carbotiamida (6a-g)

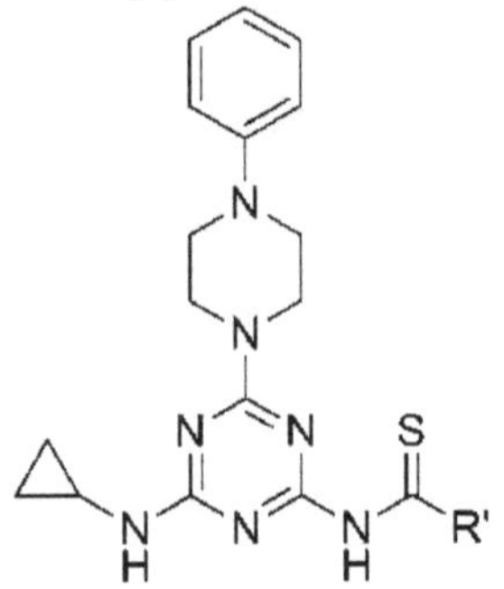

Compound	R	Melting Point (°C)	M. Wt.	Yield (%)	Mol. Formula	Elemental analysis Found (calcd)%		
						C	H	N
6a	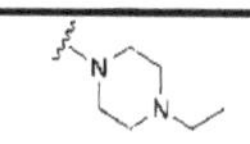	165-168	467.63	78	$C_{23}H_{33}N_9S$	59.04 (59.07)	7.12 (7.11)	26.93 (26.96)
6b	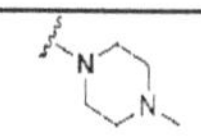	185	453.61	71	$C_{22}H_{31}N_9S$	58.21 (58.25)	6.87 (6.89)	27.81 (27.79)
6c	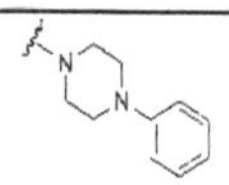	128-131	515.68	77	$C_{27}H_{33}N_9S$	62.92 (62.89)	6.46 (6.45)	24.42 (24.45)
6d	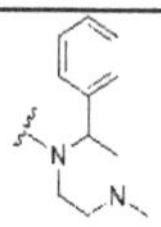	190	529.70	64	$C_{28}H_{35}N_9S$	63.38 (63.49)	6.64 (6.66)	23.77 (23.80)
6e	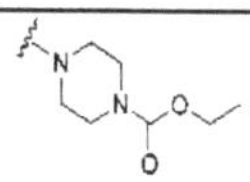	234	511.64	58	$C_{24}H_{33}N_9O_2S$	56.32 (56.34)	6.48 (6.50)	24.63 (24.64)
6f	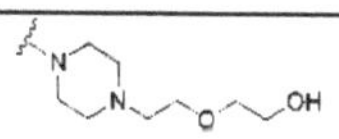	255-258	527.69	76	$C_{25}H_{37}N_9O_2S$	56.93 (56.90)	7.06 (7.07)	23.85 (23.89)
6g	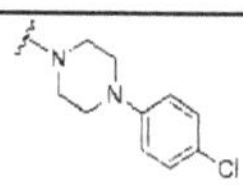	153	550.12	72	$C_{27}H_{32}ClN_9S$	58.92 (58.95)	5.84 (5.86)	22.94 (22.92)

N-(4-(ciclopropilamino)-6-(4-fenilpiperazina-1-il)-1,3,5-triazina-2-il)-4-etilpiperazina-1-carbotiamida (6a)

IR (vmax cm^{-1}): 3255 (N-H),3086 (C-H aromático), 3005 (C-H alquílico), 1533 (C=S tioureia), 1230 (C-N alifático), 921 (C3N3, s-triazina); ^{1}H RMN (400 MHz, DMSO) 6 7,79 (s, 1H, -NH da tioureia ligada à triazina), 7,27-6,75 (m, 5H, Ar-H), 4,07-3.66 (m, 16H, piperazina), 3,98 (s, 1H, NH da ciclopropilamina), 2,50-2,35 (m, 1H, ciclopropilamina), 2,33-2,28 (m, 2H, -CH2-CH3), 1,41-1,30 (t, 3H, -CH2-CH3), 1,00-0,78 (m, 4H, ciclopropilamina); ^{13}C RMN (100 MHz, DMSO) 6180.26 (C=S da tioureia), 165,15 (C da triazina ligada à tioureia), 164,78 (C da triazina ligada à N-fenil piperazina), 164,24 (C da triazina ligada à ciclopropilamina), 151,11 (Ar-C ligado à piperazina), 131,76, 130.48, 122,44, 121,63, 120,64, 119,86, 118,37, 117,73 (5 Ar-C), 52,79 (- CH2-CH3), 51,84, 50,59, 49,33, 48,14 (8C de ambas as piperazinas), 21,12 (1C de ciclopropilamina), 12,29 (-CH2-CH3), 8,93 (2C de ciclopropilamina); MS (m/z): 468,4 [M^{+}].

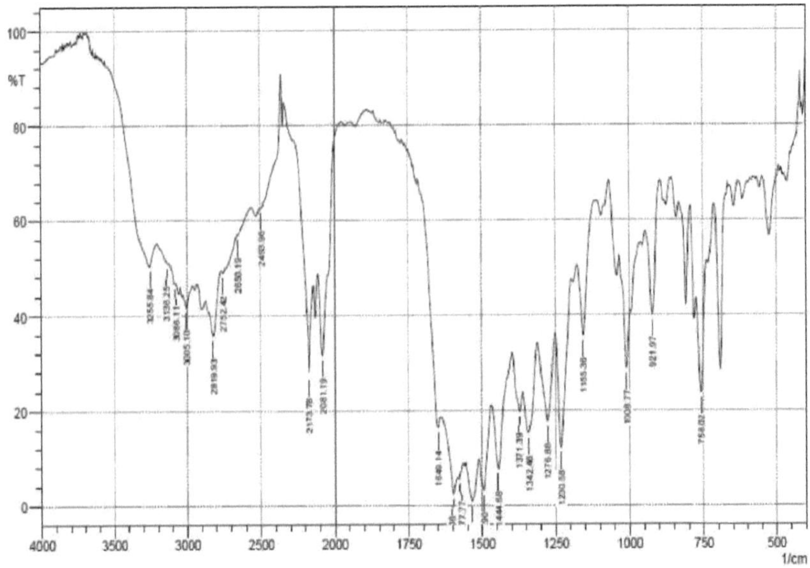

Espectro de IV do composto 6a

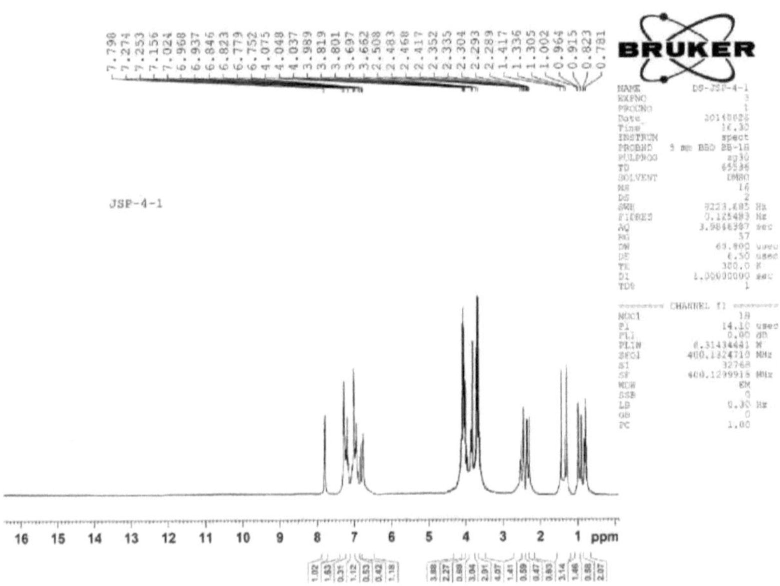

Espectro de RMN de ^{1}H do composto 6a

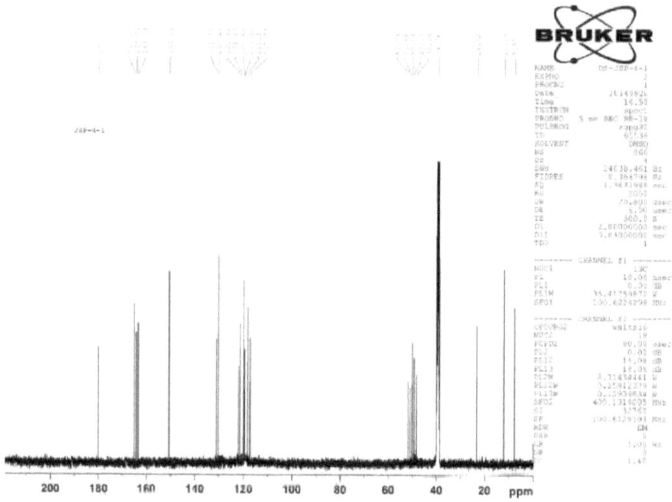

Espectro de RMN ^{13}C do composto 6a

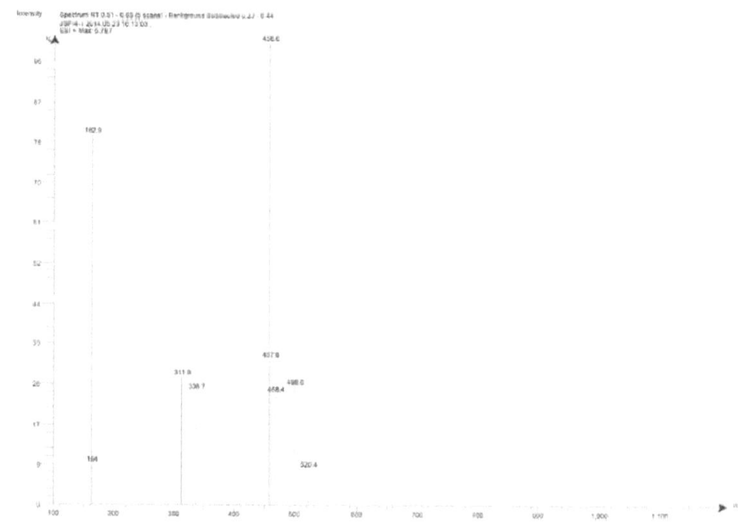

Espectro de massa do composto 6a

N-(4-(ciclopropilamino)-6-(4-fenilpiperazina-1-il)-1,3,5-triazina-2-il)-4-metilpiperazina-1-carbotiamida (6b)

^{1}H RMN (400 MHz, DMSO) 6 7,69 (s, 1H), 7,24 (t, J = 7,5 Hz, 2H), 6,89 (dd, J = 11,6, 4,7 Hz, 3H), 4,15 (t, J = 5,5 Hz, 2H), 3.85 (ddd, J = 10.4, 5.2, 2.6 Hz, 4H), 3.72-3.47 (m, 4H), 3.68 (s, 1H), 3.59-3,45 (m, 2H), 2.65 (t, J – 3.7 Hz, 2H), 2.63 (t, J = 5.1 Hz, 2H), 2.50-2.15 (m, 4H), 1.94-1.14 (m, 4H); ^{13}C NMR (100 MHz, DMSO) 6 181.79, 165.85, 163.53, 152.37, 128.42, 121.53, 117.17, 109.64, 99.23, 52.74, 49.36, 47.58, 47.27, 46.18, 23.47, 8.38; EI MS ($C_{22}H_{31}N_9S$, Mr 453.2) (M^+): 454.6.

N-(4-(ciclopropilamino)-6-(4-fenilpiperazina-1-il)-1,3,5-triazina-2-il)-4-fenilpiperazina-1-carbotiamida (6c)

^{1}H RMN (400 MHz, DMSO) 6 7,75 (s, 1H), 7,15-7,01 (m, 4H), 6,79-6,56 (m, 6H), 3,84-3,63 (m, 9H), 3,59-3,34 (m, 8H), 2,31-2,19 (m, 1H), 1,16-0,84 (m, 4H); ^{13}C RMN (100 MHz, DMSO) 6 180.85, 165.37, 164.86, 164.24, 150.46, 129.35, 128.57, 121.51, 120.37, 120.44, 116.79, 116.65, 49.95, 49.54, 48.56, 47.32, 23.45, 8.22; EI MS (C27H33N9S, Mr 515.2) (M^+): 516.4.

N-(4-(ciclopropilamino)-6-(4-fenilpiperazina-1-il)-1,3,5-triazina-2-il)-4-metil-2-fenilpiperazina -1-carbotiamida (6d)

^{1}H RMN (400 MHz, DMSO) 6 10,06 (s, 1H), 7,57-7,14 (m, 7H), 6,94-6,60 (m, 3H), 5,45 (t, J = 7,8 Hz, 1H), 3,94 (dt, J = 11.3, 5.4 Hz, 1H), 3.81-3.36 (m, 10H), 3.19 (dd, J = 12.4, 7.6 Hz, 1H), 3.04-2.80 (m, 3H), 2.47-2.18 (m, 4H), 1.13-0.74 (m, 4H); ^{13}C NMR (100 MHz, DMSO) 6 176.56, 165.42, 164.32, 164.15, 150.52, 141.22, 129.15, 128.43, 127.12, 126.36, 120.08, 116.40, 59.32, 56.28, 51.67, 49.63, 47.49, 46.05, 45.64, 23.33, 8.46; EI MS (C28H35N9S, Mr 529.2) (M^+): 530.1.

4-((4-(ciclopropil amino)-6-(4-fenilpiperazin-1-il)-1,3,5- triazin-2-il)carbamo tioil)piperazina-1-carboxilato de etilo (6e)

^{1} H NMR (400 MHz, DMSO) 6 7,64 (s, 1H), 7,41 (t, J = 7,7 Hz, 2H), 6,86-6,71 (m, 3H), 4,25 (dt, J = 8,1, 5,7 Hz, 4H), 3,80-2,52 (m, 15H), 2,56-2,45 (m, 1H), 1,42 (t, J = 6,3 Hz, 3H), 1,21-0.83 (m, 4H); ^{13}C NMR (100 MHz, DMSO) 6 182,81, 166,64, 165,89, 164,16, 156,35, 151,64, 128,50, 122,44, 113,60, 61,34, 49,63, 48,52, 47,72, 43,41, 24,18, 14,68, 8,10; EI MS (C24H33N9O2S, Mr 511,2) (M^+): 512,5.

N-(4-(ciclopropilamino)-6-(4-fenilpiperazina-1-il)-1,3,5-triazina-2-il)-4-(2-(2-hidroxietoxi) etil) piperazina-1-carbotiamida (6f)

^{1}H RMN (400 MHz, DMSO) 6 7,72 (s, 1H), 7,27 (t, J = 7,2 Hz, 2H), 6,84 (ddd, J = 9,7, 7,7, 1,3 Hz, 3H), 4,46 (s, 1H), 3,83 (t, J = 5.6 Hz, 2H), 3.82 (t, J = 5.5 Hz, 2H), 3.76-3.31 (m, 15H), 2.83 (t, J = 5.4 Hz, 2H), 2.73 (t, J = 5.5 Hz, 2H), 2.62 (t, J = 3.9 Hz, 2H), 2.43-2.29 (m, 1H), 2.10-1.52 (m, 4H); ^{13}C NMR (100 MHz, DMSO) 6 180.97, 165.35, 164.56, 164.28, 150.64, 129.95, 120.65, 116.37, 72.88, 69.54, 61.57, 55.78, 52.58, 49.48, 47.89, 47.44, 23.38, 8.46; EI MS (C25H37N9O2S, Mr 527.2) (M^+): 528.7.

4-(4-Clorofenil)-N-(4-(ciclopropilamino)-6-(4-fenilpiperazina-1-il)-1,3,5-triazina-2-il)piperazina -1-carbotiamida (6g)

^{1}H RMN (400 MHz, DMSO) 6 7,89 (s, 1H), 7,38-7,15 (m, 4H), 6,89-6,71 (m, 3H), 6,64 (d, J = 7,8 Hz, 2H), 4.35 (t, J = 5.2 Hz, 2H), 3.96 (t, J = 5.3 Hz, 2H), 3.85-3.57 (m, 6H), 3.54-2.79 (m, 7H), 2.56-2.44 (m, 1H), 1.42-0.67 (m, 4H); RMN 13C (100 MHz, DMSO) 6 183.79, 166.66, 163.38, 162.67, 153.29, 151.02, 127.30, 124.38, 122.55, 120.53, 119.41, 118.60, 49.94, 49.28, 48.33, 48.17, 25.11, 8.63; EI MS (C27H32ClN9S, Mr 549.2) (M^+): 550.4.

Conclusão

O presente estudo centrou-se principalmente na síntese de potentes derivados de s-triazinil tioureia através de uma nova via de reação utilizando cobre como catalisador. A partir dos resultados acima referidos, pode dizer-se que alguns dos derivados sintetizados apresentaram uma maior inibição contra uma determinada estirpe microbiana. Neste trabalho, sintetizámos com sucesso derivados de s-triazinil tioureia utilizando cobre como catalisador. Entre todas as estruturas sintetizadas, 5a, 5b, 5c, 5e, 5g, 6c, 6f e 6g demonstraram ser altamente activas contra bactérias específicas, fungos e a estirpe M. tuberculosis H37Rv.

CAPÍTULO 5

Conclusão

Conclusão

Esta revisão tentou resumir as aplicações medicinais de alguns derivados de s-triazinil. Uma biblioteca de alguns novos congéneres de s-triazinil tioureia foi racionalizada e sintetizada através de uma reação de acoplamento catalisada por cobre. Todos os novos derivados foram completamente caracterizados e avaliados quanto à sua atividade biológica. No geral, a conclusão do trabalho de investigação realizado e aqui apresentado é que estes análogos podem constituir uma boa plataforma preliminar para o futuro processo de descoberta de medicamentos. No entanto, podem ser necessárias algumas modificações estruturais para reduzir os efeitos citotóxicos de alguns derivados, tornando assim as estruturas medicinais úteis com maior potência, mais específicas e com menos efeitos secundários. Por conseguinte, uma maior exploração desta tendência pode ter consequências prolíficas. Em suma, as nossas descobertas podem ser benéficas como pistas para a conceção de novos agentes bioactivos potenciais no futuro.

Outras contribuições do autor para a investigação

Artigos de investigação:

1. Harshad P. Lakum, Dhruvin R. Shah e Kishor H. Chikhalia; Síntese conveniente de novos congéneres de quinazolina via acoplamento C N / C S catalisado por cobre e sua avaliação biológica; Journal of Heterocyclic Chemistry; 2015, DOI 10.1002 / jhet.2404.
2. Harshad P. Lakum, Dhruvin R. Shah e Kishor H. Chikhalia; Os novos derivados de 3-(iminometil) -2H-cromen-2-ona com motivo estrutural de tioureia e piperazina: Justificativa, síntese, avaliação antimicrobiana e anti-TB; Cartas em design e descoberta de drogas, 2015, 12 (4), 324-341 (18).
3. Harshad P. Lakum, Dhara V. Desai e Kishor H. Chikhalia; Síntese, caraterização e rastreio antimicrobiano de s-triazinas ligadas a estruturas de piperazina ou anilina; Heterocyclic Communications, 2013, 19(5), 351-355.
4. Harshad P. Lakum, Dhruvin R. Shah e Kishor H. Chikhalia; Novos s- Triazinyl Schiff Base/Chalcone Congeners: Racional, Síntese, Avaliação Antimicrobiana e Anti-TB; Cartas Internacionais de Química, Física e Astronomia; 2014, 19(1), 56-73.
5. Nirali Mewada, Dhruvin shah, Harshad Lakum, Kishor H. Chikhalia; Síntese e avaliação biológica de novas entidades aril/heteroaril baseadas em s-triazina: Design, racionalidade e estudo comparativo; Journal da Associação das Universidades Árabes de Ciências Básicas e Aplicadas, Aceite, DOI: 10.1016/j.jaubas.2014.08.003.
6. Dhruvin shah, Harshad Lakum, Kishor H. Chikhalia; Abordagem da reação de Ullmann mediada por cobre e sem ligandos para substitutos de triazinas: lógica, síntese e avaliação biológica; Heterocyclic communications, 2014, 20(5), 305-312.
7. Dhruvin shah, Harshad Lakum, Kishor H. Chikhalia; Síntese e avaliação antimicrobiana in vitro de híbridos de tiazolidinona/chalcona baseados em s-triazina substituídos por amina; International Letters of Chemistry, Physics and Astronomy, 2014, 17(2), 207-219.
8. Dhruvin shah, Harshad Lakum, Kishor H. Chikhalia; Síntese e avaliação antimicrobiana in vitro de híbridos de tioureia/tiazolidinona/calcona à base de quinazolina substituída por piperazina; Russian Journal of Bioorganic Chemistry, 2015, 41(2), 209-222.
9. Dhruvin shah, Harshad Lakum, Kishor H. Chikhalia; Abordagem de acoplamento C-N catalisada

por cobre (0) para a síntese de análogos de quinoleína ligados à tioureia usando meios aquosos: Justificativa e estudo biológico; Cartas em Química Orgânica; 2015, 12(4), 237-250.

10. Himanshu R. Prajapati, Harshad P. Lakum, Kishor H. Chikhalia; Síntese e atividade antimicrobiana in vitro da 3-(5-((2-oxo-2H-cromen- 4-il)tio)-4-fenil-tiazol-2-il)-2-substituída-fenil-tiazolidina-4-ona; International Letters of Chemistry, Physics and Astronomy, 2015, 51, 135-143.

Livro:

1. Publicado em "Quinazoline: Privileged Nature as Effective Pharmacological Agents" com ISBN No: 978-3-659-86589-3 por LAP LAMBERT Academic Publishing, Alemanha.

Trabalhos apresentados em conferências/ Participação em conferências

1. Participou e apresentou um trabalho no Simpósio Internacional sobre "Tendências Recentes na Investigação do Cancro: From OM to OMICS" em 24 de novembro de 2014, organizado pelo Departamento de Biologia do Cancro, The Gujarat Cancer & Research Institute, New Civil Hospital Campus, Asarwa, Ahmedabad- 380016 - Gujarat, Índia.
2. Participou no "HPTLC Training cum Seminar" em 30 de março de 2013, realizado no Departamento de Zoologia, Faculdade de Ciências, Universidade de Gujarat, Ahmedabad, Gujarat, ÍNDIA.

CAPÍTULO 6

Referências

Referências

[1] Creech, H. J.; Preston, R. K.; Peck, R. M.; O'Connell, A. P.; Ames, B. N., Propriedades antitumorais e mutagénicas de uma variedade de mostardas heterocíclicas de azoto e enxofre. J. Med. Chem. 1972, 15 (7), 739-746.

[2] Nefzi, A.; Ostresh, J. M.; Houghten, R. A., The current status of heterocyclic combinatorial libraries. Chem. Rev. 1997, 97 (2), 449-472.

[3] Gootz, T. D., The global problem of antibiotic resistance (O problema global da resistência aos antibióticos). Crit. Rev. Immunol. 2010, 30 (1), 79-93.

[4] Overbye, K. M.; Barrett, J. F., Antibiotics: where did we go wrong? Drug Discov. Today 2005, 10 (1), 45-52.

[5] Niccolai, D.; Tarsi, L.; J. Thomas, R., The renewed challenge of antibacterial chemotherapy. Chem. Commun. 1997, (24), 2333-2342.

[6] Udwadia, Z. F.; Amale, R. A.; Ajbani, K. K.; Rodrigues, C., Tuberculose totalmente resistente aos medicamentos na Índia. Clin. Infect. Dis. 2012, 54 (4), 579-581.

[7] Wilson, C. O.; Gisvold, O., Textbook of organic medicinal and pharmaceutical chemistry. Lippincott Williams & Wilkins: 2011.

[8] Thomas, G., Medicinal Chemistry: An Introduction. Wiley: 2ª Edição, 2011.

[9] Wolff, M. E., Burger's medicinal chemistry and drug discovery. Am. J. Ther. 1996, 3 (8), 608.

[10] Hansch, C.; Sammes, P. G.; Taylor, J. B.; Kennewell, P. D.; Emmett, J. C.; Ramsden, C. A.; Drayton, C. J., Comprehensive medicinal chemistry: the rational design, mechanistic study & therapeutic application of chemical compounds. 1990; Vol. 6.

[11] Leeson, P. D.; Springthorpe, B., The influence of drug-like concepts on decision-making in medicinal chemistry. Nat. Rev. Drug Discov. 2007, 6 (11), 881-890.

[12] Patrick, G. L., An Introduction To Medicinal Chemistry (Introdução à Química Medicinal). Oxford University Press: 2011.

[13] Kenakin, T., A classificação dos fármacos e dos receptores de fármacos em tecidos isolados. Pharmacol. Rev. 1984, 36 (3), 165-222.

[14] Anderson, T., Ueber die Producte der trockenen Destillation thierischer Materien. Justus Liebigs Ann. Chem. 1858, 105 (3), 335-359.

[15] Runge, F. F., Ueber einige Produkte der Steinkohlendestillation. Ann. Phys. (Berlim) 1834, 107 (5), 65-78.

[16] Perkin, W., XXIX. Sobre alguns novos derivados bromados da cumarina. J. Chem. Soc. 1870, 23, 368-371.

[17] Wohler, F.; Liebig, J. v., Untersuchungen über die Natur der Harnsaure. Ann. Pharmacie 1838, 26 (1838), 241-243.

[18] Brugnatelli, G., Un acide nouveau obtenu en traitant l'acide urique par l'acide nitrique. Ann. Chim. Phys. 1818, 8, 201-206.

[19] Ellis, G. P., Chemistry of Heterocyclic Compounds (Química de Compostos Heterocíclicos). Wiley-Interscience: 1977; Vol. 31.

[20] Pozharskii, A. F.; Soldatenkov, A. T.; Katritzky, A. R., Heterocycles in life and society. An introduction to heterocyclic chemistry and biochemistry and the role of heterocycles in science, technology, medicine and agriculture. John Wiley & Sons: 1997.

[21] Yanagimoto, K.; Lee, K.-G.; Ochi, H.; Shibamoto, T., Antioxidative Activity of Heterocyclic Compounds Found in Coffee Volatiles Produced by Maillard Reaction. J. Agric. Food Chem. 2002, 50 (19), 5480-5484.

[22] Li, G.; Yan, S.; Jiang, S.; Qian, X.; Huang, Q.; Zhang, R., Novos compostos heterocíclicos contendo enxofre: Síntese e atividade inseticida de (2-clorotiazol-5-il) metil 2-fenilimintiotiazolidinas. Fósforo, Enxofre, Silício Relat. Elem. 2009, 184 (7), 1825-1836.

[23] DesMarteau, D., Fluorinated Heterocyclic Compounds: Synthesis, Chemistry, and Applications. J. Am. Chem. Soc. 2010, 132 (9), 32303230.

[24] Katritzky, A. R.; Ramsden, C. A.; Joule, J. A.; Zhdankin, V. V., Handbook of Heterocyclic Chemistry. Elsevier Science: 2010.

[25] Nicolaou, K. C.; Vourloumis, D.; Winssinger, N.; Baran, P. S., The Art and Science of Total Synthesis at the Dawn of the Twenty-First Century. Angew. Chem. Int. Ed. 2000, 39 (1), 44-122.

[26] Li, G.; Yan, S.; Jiang, S.; Qian, X.; Huang, Q.; Zhang, R., Novos compostos heterocíclicos contendo enxofre: Síntese e atividade inseticida de (2-clorotiazol-5-il) metil 2-feniliminotiazolidinas. Phosphorus Sulfur Silicon Relat. Elem. 2009, 184 (7), 1825-1836.

[27] Sunel, V.; Popa, M.; Dumitriu, C. L.; Ciobanu, A.; Bunia, I.; Popa, A. A., Compostos heterocíclicos com potencial atividade biológica acoplados a poli (anidrido maleico-acetato de sal e vinilo). Reactive & Functional Polymers 2005, 65 (3), 367-380.

[28] Danac, R.; Mangalagiu, I. I., Antimycobacterial activity of nitrogen heterocycles derivatives: Derivados de bipiridina. Parte III [13, 14]. Eur. J. Med. Chem. 2014, 74, 664-670.

[29] Khanage, S. G.; Raju, A.; Mohite, P. B.; Pandhare, R. B., Analgesic Activity of Some 1, 2, 4-Triazole Heterocycles Clubbed with Pyrazole, Tetrazole, Isoxazole and Pyrimidine. Adv. pharm. bull. 2013, 3 (1), 13.

[30] Patel, P. K.; Patel, R. V.; Mahajan, D. H.; Parikh, P. A.; Mehta, G. N.; Pannecouque, C.; De Clercq, E.; Chikhaliae, K. H., Mês de 2014 Diferentes análogos de s-triazina funcionalizados com heterociclos: Projeto, síntese e avaliação antimicrobiana, antituberculose e anti-HIV in vitro. J. Heterocycl. Chem. 2014, DOI: 10.1002/jhet.1769.

[31] Hu, Y.; Li, C.-Y.; Wang, X.-M.; Yang, Y.-H.; Zhu, H.-L., 1, 3, 4- Tiadiazol: Synthesis, Reactions, and Applications in Medicinal, Agricultural, and Materials Chemistry. Chem. Rev. 2014.

[32] Wolf, M. E., Burgers Medicinal Chemistry 5th Edition. Wiley VCH: 1997.

[33] Menicagli, R.; Samaritani, S.; Signore, G.; Vaglini, F.; Dalla Via, L., Actividades citotóxicas in vitro de 2-alquil-4, 6-diheteroalquil-1, 3, 5-triazinas: novas moléculas na investigação anticancerígena. Journal of Medicinal Chemistry 2004, 47 (19), 4649-4652.

[34] Mandelbaum, R. T.; Allan, D. L.; Wackett, L. P., Isolamento e caraterização de uma Pseudomonas sp. que mineraliza o herbicida s-triazina atrazina. Applied and Environmental Microbiology 1995, 61 (4), 1451-1457.

[35] Patel, R. V.; Kumari, P.; Chikhalia, K., Conceção, síntese e rastreio antimicrobiano de derivados de s-Triazinil piperazina e piperidina. Revista Internacional de Avanços em Ciências Farmacêuticas 2010, 1 (4).

[36] Patel, R. V.; Kumari, P.; Rajani, D. P.; Pannecouque, C.; De Clercq, E.; Chikhalia, K. H., Avaliação antimicrobiana, anti-TB, anticancerígena e anti-HIV de novos heterociclos baseados em s-triazina. Química Medicinal Futura 2012, 4 (9), 1053-1065.

[37] Srinivas, K.; Srinivas, U.; Rao, V. J.; Bhanuprakash, K.; Kishore, K. H.; Murty, U., Síntese e atividade antibacteriana de s-triazinas 2, 4, 6-tri substituídas. Bioorganic & medicinal

chemistry letters 2005, 15 (4), 11211123.

[38] Shah, D. R.; Modh, R. P.; Chikhalia, K. H., Privileged s-triazines: estrutura e aplicações farmacológicas. Future Medicinal Chemistry 2014, 6 (4), 463-477.

[39] Shah, D. R.; Lakum, H. P.; Chikhalia, K. H., Síntese e avaliação antimicrobiana in vitro de híbridos de tiazolidinona/chalcona baseados em s-triazina substituídos por amina. Cartas Internacionais de Química, Física e Astronomia 2014, 17 (2), 207.

[40] Lakum, H. P.; Desai, D. V.; Chikhalia, K. H., Síntese, caraterização e triagem antimicrobiana de s-triazinas ligadas a scaffolds de piperazina ou anilina. Comunicações Heterocíclicas 2013, 19 (5), 351-355.

[41] Shah, D. R.; Lakum, H. P.; Chikhalia, K. H., Abordagem da reação de Ullmann livre de ligandos e mediada por cobre para s-triazinas substituídas: fundamentação, síntese e avaliação biológica. Heterocyclic Communications 2014, 20 (5), 305-312.

[42] Lakum, H. P.; Shah, D. R.; Chikhalia, K. H., Novel s-Triazinyl Schiff Base/Chalcone Congeners: Racional, Síntese, Avaliação Antimicrobiana e Anti-TB. Cartas Internacionais de Química, Física e Astronomia 2014, 19.

[43] Mewada, N. S.; Shah, D. R.; Lakum, H. P.; Chikhalia, K. H., Síntese e avaliação biológica de novas entidades aril/heteroaril baseadas em s-triazina: Design, racionalidade e estudo comparativo. Jornal da Associação de Universidades Árabes para Ciências Básicas e Aplicadas 2014.

[44] Gavade, S. N.; Markad, V. L.; Kodam, K. M.; Shingare, M. S.; Mane, D. V., Síntese e avaliação biológica de novos derivados de 2, 4, 6-triazina como agentes antimicrobianos. Cartas de química bioorgânica e medicinal 2012, 22 (15), 5075-5077.

[45] Patel, R. V.; Patel, A. B.; Kumari, P.; Chikhalia, K. H., Síntese de novos 3-(5-sulfanil-1, 3, 4-oxadiazol-2-il)-2H-cromen-2-ona condensados s-triazinil piperazinas e piperidinas como agentes antimicrobianos. Pesquisa em Química Medicinal 2012, 21 (10), 3119-3132.

[46] Modh, R. P.; De Clercq, E.; Pannecouque, C.; Chikhalia, K. H., Projeto, síntese, atividade antimicrobiana e avaliação da atividade anti-HIV de novos derivados híbridos de triazina quinazolina. Jornal de inibição enzimática e química medicinal 2014, 29 (1), 100-108.

[47] Modh, R. P.; Patel, A. C.; Chikhalia, K. H., Estudos de design, síntese, antibacterianos e antifúngicos de novos derivados de cumarinil-triazina 3-substituídos. Comunicações Heterocíclicas 2013, 19 (5), 343349.

[48] Kumar, A.; Menon, S. K., Fullerene derivatized s-triazine analogues as antimicrobial agents. Revista Europeia de Química Medicinal 2009, 44 (5), 2178-2183.

[49] Bhat, H. R.; Pandey, P. K.; Ghosh, S. K.; Singh, U. P., Desenvolvimento de conjugados de 4-aminoquinolina-1, 3, 5-triazina como potente agente antibacteriano através de rota sintética fácil. Pesquisa em Química Medicinal 2013, 22 (10), 5056-5063.

[50] Abbas, S. Y.; El-Sharief, M. A. S.; Basyouni, W. M.; Fakhr, I. M.; El- Gammal, E. W., Derivados de tioureia que incorporam uma porção de ácido hipúrico: Síntese e avaliação das actividades antibacteriana e antifúngica. Revista Europeia de Química Medicinal 2013, 64, 111-120.

[51] Koca, I.; Ozgur, A.; Co§kun, K. A.; Tutar, Y., Síntese e atividade anticancerígena de acil tioureias com a porção pirazol. Bioorganic & Medicinal Chemistry 2013, 21 (13), 3859-3865.

[52] R Shah, D.; P Modh, R.; V Desai, D.; H Chikhalia, K., Novos derivados de ureia/tioureia de quinazolina-4 (3H)-ona: conceção, síntese, estudo antimicrobiano e anti-TB. Cartas em Design e Descoberta de Drogas 2014, 11 (5), 560-571.

[53] Faidallah, H. M.; Rostom, S. A.; Basaif, S. A.; Makki, M. S.; Khan, K. A., Síntese e avaliação

biológica de alguns novos derivados de ureia e tioureia de isoxazolo [4, 5-d] piridazina e tiazolo [4, 5-d] piridazina estruturalmente relacionados como agentes antimicrobianos. Arquivos de pesquisa farmacêutica 2013, 36 (11), 1354-1368.

[54] Kocyigit-Kaymakcioglu, B.; Celen, A. O.; Tabanca, N.; Ali, A.; Khan, S. I.; Khan, I. A.; Wedge, D. E., Síntese e atividade biológica de derivados de ureia e tioureia substituídos contendo 1, 2, 4-triazole moieties. Moléculas 2013, 18 (3), 3562-3576.

[55] Chaudhary, P.; Kumar, R.; Verma, A. K.; Singh, D.; Yadav, V.; Chhillar, A. K.; Sharma, G.; Chandra, R., Síntese e atividade antimicrobiana de derivados de N-alquil e N-aril piperazina. Bioorganic & Medicinal Chemistry 2006, 14 (6), 1819-1826.

[56] McCombie, S. W.; Tagat, J. R.; Vice, S. F.; Lin, S.-I.; Steensma, R.; Palani, A.; Neustadt, B. R.; Baroudy, B. M.; Strizki, J. M.; Endres, M., Antagonistas CCR5 à base de piperazina como inibidores do VIH-1. III: síntese, perfis antivirais e farmacocinéticos de carboxamidas heteroarílicas simétricas. Bioorganic & medicinal chemistry letters 2003, 13 (3), 567-571.

[57] Tsurumi, K.; Hiramatsu, Y.; Nozaki, M.; Hayashi, M.; Fujimura, H., Antiinflammatory activity of tiaramide hydrochloride, 4-((5-chloro-2-oxo-3- benzothiazolinyl) acetyl)-1-piperazine ethanol hydrochloride. Arzneimittel-Forschung 1972, 22 (4), 716.

[58] Wang, S.-F.; Yin, Y.; Qiao, F.; Wu, X.; Sha, S.; Zhang, L.; Zhu, H.-L., Síntese, docking molecular e avaliação biológica de derivados de metronidazol contendo esqueleto de piperazina como potenciais agentes antibacterianos. Bioorganic & Medicinal Chemistry 2014, 22 (8), 2409-2415.

[59] Nagesh, H. N.; Suresh, N.; Naidu, K. M.; Arun, B.; Sridevi, J. P.; Sriram, D.; Yogeeswari, P.; Sekhar, K. V. G. C., Síntese e avaliação da atividade anti-tuberculosa de análogos de fenantridina 6-(4-substituídospiperazin-1-il). Revista europeia de química medicinal 2014, 74, 333-339.

[60] Patel, K. N.; Telvekar, V. N., Conceção, síntese e avaliação antituberculosa de novas séries de derivados de N-[4-(piperazin-1-il) fenil] cinamamida. Revista Europeia de Química Medicinal 2014, 75, 43-56.

[61] El-Ella, D. A. A.; Hussein, M. M.; Serya, R. A.; Naby, R. M. A.; Al-Abd, A. M.; Saleh, D. O.; El-Eraky, W. I.; Abouzid, K. A., Design molecular e síntese de piperazinas 1, 4-dissubstituídas como bloqueadores de receptores 1-adrenérgicos. Química bioorgânica 2014, 54, 21-30.

[62] Arnatt, C. K.; Adams, J. L.; Zhang, Z.; Haney, K. M.; Li, G.; Zhang, Y., Design, síntese e caraterização de antagonistas do recetor de quimiocina CCR5 baseados em piperazina como agentes anti-câncer de próstata. Cartas de química bioorgânica e medicinal 2014, 24 (10), 2319-2323.

[63] Bhosale, S. H.; Kanhed, A. M.; Dash, R. C.; Suryawanshi, M. R.; Mahadik, K., Conceção, síntese, avaliação farmacológica e estudos computacionais de 1-(bifenil-4-il)-2-[4-(fenil substituído)- piperazin-1-il] etanonas como potenciais antipsicóticos. Revista Europeia de Química Medicinal 2014, 74, 358-365.

[64] Weber, F.; Brune, S.; Korpis, K.; Bednarski, P. J.; Laurini, E.; Dal Col, V.; Pricl, S.; Schepmann, D.; Wunsch, B., Síntese, avaliação farmacológica e análise da interação do recetor σ1 de piperazinas substituídas por hidroxietil. Jornal de Química Medicinal 2014, 57 (7), 2884-2894.

[65] Smolin, E.; Rapoport, L., s-Triazine and Derivatives in the Chemistry of Heterocyclic Compounds. Interscience, Nova Iorque, NY 1959.

[66] Neunhoeffer, H.; Wiley, P. F., The Chemistry of Heterocyclic Compounds, Chemistry of 1 2 3-Triazines and 1 2 4-Triazines, Tetrazines, and Pentazin. John Wiley & Sons: 2009; Vol. 33.

[67] Quirke, J., 1, 3, 5-Triazines. Pergamon Press: Oxford, Reino Unido: 1984; Vol. 3, pp 457-530.

[68] HATFIELD, S. E. Applications of triazine chemistry: education, remediation, and drug delivery. Texas A&M University, 2007.

[69] Diels, O., Zur kenntniss der cyanurverbindungen. Berichte der deutschen chemischen Gesellschaft 1899, 32 (1), 691-702.

[70] Hofmann, A., Einwirkung des Ammoniaks und der Amine auf den Sulfocyanursäuremethyläther und das Cyanurchlorid. Normale alkylirte Melamine. Berichte der deutschen chemischen Gesellschaft 1885, 18 (2), 2755-2781.

[71] Wystrach, V.; Kaiser, D. W.; Schaefer, F. C., Preparação de etilenimina e trietilenemelamina. Journal of the American Chemical Society 1955, 77 (22), 5915-5918.

[72] Modest, E. J., Heterocyclic Compounds. John Wiley and Sons, Inc.: Nova Iorque 1961, 7, 627.

[73] Hoggarth, E., Chemistry of Carbon Compounds (E. H. Rodel, Ed.). Elsevier: Amesterdão 1957.

[74] Serullas, A., Ann. Chim. Phys. 1828, 38, 379.

[75] Kurzer, F.; Pitchfork, E. D., 655. Triazinas. Parte I. A síntese de melaminas a partir de diguanidas e carbodi-imidas. Jornal da Sociedade Química (Resumido) 1964, 3459-3466.

[76] Harris, R., The synthesis of alkyl-and aryl-substituted 1, 3, 5-triazines. Australian Journal of Chemistry 34 (3), 623-634.

[77] Loev, B.; Bender, P. E.; Bowman, H.; Helt, A.; McLean, R.; Jen, T., Amidines. 3. Thioureas possuindo atividade anti-hipertensiva. Journal of Medicinal Chemistry 1972, 15 (10), 1024-1027.

[78] Yasuo, M.; Kiyoshi, S., C. A. 1963, 59, 5137.

[79] Upadhyaya, J.; Srivastava, P., POTENTIAL ANTITHYROID AGENTS.
5. ESTUDOS SINTÉTICOS E FARMACOLÓGICOS DE ALGUMAS N-ARIL-N'-BENZOILTIOCARBAMIDAS. JORNAL DA SOCIEDADE QUÍMICA INDIANA 1982, 59 (6), 767-768.

[80] Rao, S.; Khan, A.; Mehra, S., SÍNTESE DE N-BENZOYL-N'-2-(4-ARYL-5-ARYLAZOTHIAZOLYL) THIOCARBAMIDES COMO POTENCIAIS ANTINEOPLÁSTICOS. JORNAL DA SOCIEDADE QUÍMICA INDIANA 1982, 59 (3), 375-377.

[81] Lee, J.; Lee, J.; Kang, M.; Shin, M.; Kim, J.-M.; Kang, S.-U.; Lim, J.-O.; Choi, H.-K.; Suh, Y.-G.; Park, H.-G., N-(3-acyloxy-2-benzylpropyl)-N'- [4-(methylsulfonylamino) benzyl] thiourea analogues: novel potent and high affinity antagonists and partial antagonists of the vanilloid recctor. Journal of Medicinal Chemistry 2003, 46 (14), 3116-3126.

[82] Hogg, D. R., Organic Compounds of Sulphur, Selenium and Tellurium (Compostos orgânicos de enxofre, selénio e telúrio). Sociedade Real de Química: 1981; Vol. 6.

[83] Kempter, G., Chinazolina de 1, 4-Diamina. Zeitschrift für Chemie 1971, 11 (1), 12-13.

[84] Dyson, G. M., 46. Estudos sobre as reacções de cor de compostos orgânicos. Parte I. As reacções de cor das ariltiourcias. Journal of the Chemical Society (Resumed) 1934, 174-177.

[85] Organização Mundial de Saúde. http://www.who.int/mediacentre/factsheets/fs194/en/ (acedido em 17 de julho de 2014).

[86] Centros de Controlo e Prevenção de Doenças (CDC); Fact Sheet. http://www.cdc.gov/tb/publications/factsheets/drtb/mdrtb.htm (acedido em 17 de julho de 2014).

[87] Organização Mundial de Saúde; Fact sheet N°104. http://www.who.int/mediacentre/factsheets/fs104/en/ (acedido em 17 de julho de 2014).

[88] Parikh, K.; Vyas, S., Síntese e rastreio antimicrobiano de alguns novos derivados de piperazina e piperidina baseados em s-triazina. Pelagia Research Library 2012.

[89] Kumar, G. J.; Bomma, H. S.; Srihari, E.; Shrivastava, S.; Naidu, V.; Srinivas, K.; Rao, V. J., Síntese e atividade anticâncer de alguns novos derivados de s-triazina. Pesquisa em Química Medicinal 2013, 22 (12), 5973-5981.

[90] Gahtori, P.; Ghosh, S. K., Conceção, síntese e exploração de SAR de híbridos 4-clorofeniltiazolil-s-triazina como potenciais agentes antimicrobianos. Jornal de inibição de enzimas e química medicinal 2012, 27 (2), 281-293.

[91] Yaguchi, S.-i.; Fukui, Y.; Koshimizu, I.; Yoshimi, H.; Matsuno, T.; Gouda, H.; Hirono, S.; Yamazaki, K.; Yamori, T., Antitumor activity of ZSTK474, a new phosphatidylinositol 3-kinase inhibitor. Jornal do Instituto Nacional do Cancro 2006, 98 (8), 545-556.

[92] Patel, R. B.; Chikhalia, K. H.; Pannecouque, C.; Clercq, E. d., Síntese de novos análogos de PETT: Derivados de 3, 4-dimetoxi fenil etil 1, 3, 5-triazinil tiouréia e seus estudos antibacterianos e anti-HIV. Revista da Sociedade Brasileira de Química 2007, 18 (2), 312321.

[93] Patel, P. M.; Patel, H. N.; Gajjar, D. G., Solubilidade aprimorada de medicamentos anti-inflamatórios não esteróides por dendrímeros à base de S-triazina terminados em hidroxila. Jornal Asiático de Pesquisa Farmacêutica e Clínica 2014, 7 (3).

[94] Jadhav, R. D.; Kadam, K. S.; Kandre, S.; Guha, T.; Reddy, M. M. K.; Brahma, M. K.; Deshmukh, N. J.; Dixit, A.; Doshi, L.; Potdar, N., Síntese e avaliação biológica de isoxazol, oxazol e oxadiazol contendo análogos heteroarílicos de ureias biarílicas como inibidores de DGAT1. Revista Europeia de Química Medicinal 2012, 54, 324-342.

[95] Desai, A. D.; Mahajan, D. H.; Chikhalia, K. H., Síntese de novos derivados alifáticos de tioureia contendo uma porção de s-triazina como potenciais agentes antimicrobianos. JORNAL INDIANO DE QUÍMICA SECÇÃO B 2007, 46 (7), 1169.

[96] Kaswala, P. B.; Chikhalia, K. H.; Shah, N. K.; Patel, D. P.; Patel, D. H.; Mudaliar, G. V., Conceção, síntese e avaliação antimicrobiana de derivados de s-triazinil ureia e tioureia. Arkivoc 2009, 11 (9), 326-335.

[97] Chikhalia, K. H.; Patel, M. J., Conceção, síntese e avaliação de alguns derivados de 1, 3, 5-triazinil ureia e tioureia como agentes antimicrobianos. Journal of enzyme inhibition and medicinal chemistry 2009, 24 (4), 960966.

[98] Mosher, H. S.; Whitmore, F. C., Heterocyclic Basic Compounds. II. Aminoalquilamino-s-triazinas1. Journal of the American Chemical Society 1945, 67 (4), 662-664.

[99] Thurston, J. T.; Dudley, J. R.; Kaiser, D. W.; Hechenbleikner, I.; Schaefer, F. C.; Holm-Hansen, D., Derivados de cloreto cianúrico. I. Aminocloro-s-triazinas. Journal of the American Chemical Society 1951, 73 (7), 2981-2983.

[100] Kaiser, D. W.; Thurston, J. T.; Dudley, J. R.; Schaefer, F. C.; Hechenbleikner, I.; Holm-Hansen, D., Derivados de cloreto cianúrico. II. Melaminas substituídas. Journal of the American Chemical Society 1951, 73 (7), 2984-2986.

[101] Yin, H.; Chen, B.; Zhang, X.; Yang, X.; Zhang, Y.; Jiang, Y.; Ma, D., Montagem de N, N-dissubstituídas-N'-arilureias através de uma reação de três componentes catalisada por cobre de brometos de arilo, cianato de potássio e aminas secundárias. Tetrahedron 2013, 69 (26), 5326-5330.

[102] Dalvadi, J. P.; Patel, P. K.; Chikhalia, K. H., Síntese conveniente de derivados de ureia baseados em s-triazina através de uma reação de acoplamento C N catalisada por paládio. RSC Adv. 2013, 3 (23), 8960-8966.

MIX
Papier aus verantwortungsvollen Quellen
Paper from responsible sources
FSC® C105338

Printed by Books on Demand GmbH, Norderstedt / Germany